Tropical Fish
Feeding and appreciation

热带鱼

饲养与鉴赏

一本书解决热带鱼
饲养的全部难题

【日】佐佐木浩之 著　毛识辉 译

U0378856

中国轻工业出版社

欢迎来到充满魅力的水族箱世界

水族箱就是截取了大自然中的一部分水景，并能按照自己灵感设计创造的一方天地。当然，在有限的空间里构建热带鱼的生活环境，是一件相当困难的事。但看到水族箱构建完成，热带鱼展现出从未有过的美丽体色，再看到幼鱼的出生，这种感动是任何事情无法替代的。让我们一起跨入这个魅力四射的水族箱世界吧。

小鱼即将出生的瞬间

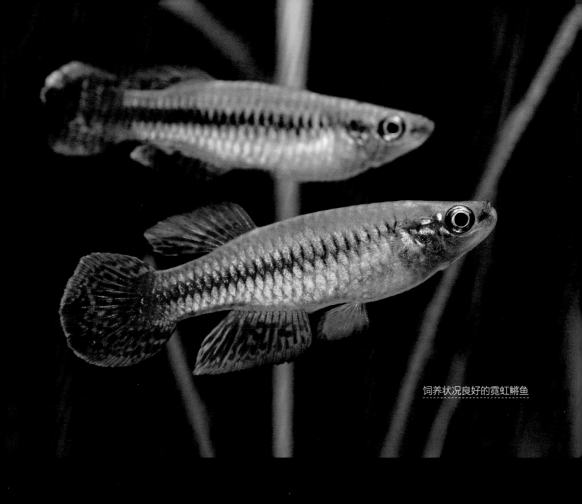

饲养状况良好的霓虹鳉鱼

体色艳丽的拉利毛足鲈

黄金红绿灯鱼美丽的蓝色线条

蓝眼三角波鱼美而不艳，充满魅力

野生斗鱼的深邃之美

红衣梦幻旗鱼与水族箱里的水草相映成趣

水族箱中的三线豹鼠鱼显得憨头憨脑

火翅金钻鱼在小体型的热带鱼中
美得出类拔萃

目　录

引 言

　　所谓热带鱼，是什么样的鱼？我们在水族馆或销售热带鱼的市场里看到五颜六色的鱼就是热带鱼，它们原本是生活在热带或者亚热带区域的。目前在日本市场上流通的热带鱼，可以分成三类。一类是直接从美洲或者亚洲各国直接进口的，称为"野生个体"；一类是在其他国家养殖而后进口到日本的，称为"养殖个体"；还有一类是由日本的热带鱼饲养从业人员在国内繁育的个体。另外，"热带鱼"只是一个统称，它还包含了一些并非来自热带的鱼、生活在海水里的鱼以及河海交界的鱼等。也就是说，被称为"热带鱼"的鱼，其实有几千种品类。因此，没有一种"热带鱼的饲养方法"能适用于所有的鱼，即使有基本的饲养方法，也必须要根据具体的鱼的品类做适当的调整。

　　总的来说，饲养热带鱼最好的办法，就是将其生活的环境尽量接近原本的栖息地。水质、躲藏处、水温等因素都需要考虑在内，只要将热带鱼的生活环境处置齐全，它们就会展示出比我们预想中更美丽的形态。当然，在水

族箱有限的空间里，要将所有的条件都处置妥当是一件非常难的事，但为热带鱼创造合适的栖身地也正是饲养热带鱼最有趣的地方。

　　本书讲述的主要鱼种以淡水热带鱼为主。我们去水族店的时候，关于热带鱼种类的说明中，经常会看到"脂鲤科""丽鱼科""鲤科"等专业用语。这些其实是鱼在生物学上的分类，表示鱼的品类归属，比如属于"脂鲤科"的鱼，大多数是来自中南美洲的热带鱼，而"鲇科"的鱼则大多生活在水底。原则上可以根据鱼的品类大概推测出其出产地和生活习性，我们只要知道了这种鱼的产地和品类，就能掌握饲养它合适的水质和饲料是什么。因此，在选择热带鱼的时候，请先了解一下热带鱼的名字和品类。

主要的热带鱼的品种

热带鱼的主要品种和分布

脂鲤科	美洲·非洲
鲤科	北美洲·欧亚大陆·非洲
花鳉科	美洲·欧亚大陆·非洲
丽鱼科	美洲·非洲·南亚
攀鲈科	亚洲·非洲
鲇科	亚洲·大洋洲·美洲·非洲
彩虹鱼科	大洋洲·马达加斯加
古代鱼科	亚洲·大洋洲·美洲·非洲

日本的热带鱼原先是生活在世界各地的。饲养热带鱼前先了解这种鱼产自哪里非常重要，因为原产地的水质和水温各不相同，所以饲养时在水族箱中为其创造的生活环境也不同，这是饲养热带鱼至关重要的环节。

热带鱼的名字

　　我们去卖热带鱼的水族店或者翻阅热带鱼的图鉴时，可以看到各种各样的热带鱼，先来熟悉一下这些鱼的名字吧。

　　热带鱼的名字分成好几种类型。比如有"××鳉""××鲇"这样用科别结尾的，这种类型的名字比较常见。也有用英语名音译直接命名的，比如："Swordtail（日语音译，剑尾鱼）"就是这种类型。

　　另外，也有将鱼品种名直接当作一般名称使用的情况。卵生鳉鱼"拉氏假鳃鳉"就是典型例子。还有很多的热带鱼，在学术领域还未被开拓，没有学术名称，在实际的销售过程中取个名字（aa），然后就这样被叫下来了，这样的名称被称为"发票名字"，在这种情况下，经常被称为"×××·aa"，比如，"小波鱼·焰火"就是属于这种类型。开始将热带鱼大致分类的时候，采用这个方法较多，但现在还出现了一些比较复杂的分类方法，有的将以前的学名当作鱼的名字，有的虽然用的是学名，但依旧附上毫无关系的"发票名字"。

　　不管如何，通过热带鱼的名字，我们可以大致知道其产地、历史等相关情况。深入研究一下，可以发现这是一个信息的宝库，非常有意思。

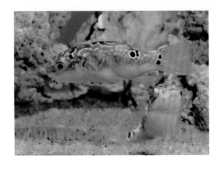

Chapter 1

安装水族箱

饲养热带鱼的第一步就是安装水族箱。因为没有饲养热带鱼的环境，即使买来了热带鱼也是没有办法饲养的，所以买热带鱼之前事先安装好水族箱非常重要。

饲养热带鱼的必备物品

让我们先备齐水族箱饲养热带鱼的工具吧

　　饲养热带鱼有一些物品是必备的。因为热带鱼生活在比日本气温高的国家，因此加热器和温度计也是必不可少的用具。另外维持水族箱水质清洁的过滤器、铺在水族箱底部的砂子、水质稳定剂等也是必需的。在热带鱼水族店或者大型的日用品商场常有成套设备销售，对于刚入门的人，如果不知道买什么好，就买这种成套的设备好了。先买个成套的，然后根据实际需要来更换过滤器或者添置其他的东西。这时只要问问店里的销售员，就可以得到各种建议。经过各种各样的尝试后，您就能逐

渐创造自己独特的水族箱了。

　　还有，虽说不是必需之物，但为了方便移动水族箱里的鱼和清理水中的垃圾，可以备上一个小小的网兜。我还建议您配备用于换水的水管、水桶以及水族箱的照明灯。由于用电的装置较多，最好事先在水族箱的附近准备好电源插线板。

水族箱　　　　　　　　　　水质稳定剂

过滤器

水温计　　　　加热器

照明灯

可以以后逐步添置的饲养工具

网兜

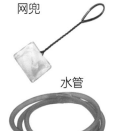

空气泵

细菌添加剂

水管

除青苔用品　　　　换水的泵　　　　pH调整剂

17

水族箱的挑选方法

在决定安装场所后，再挑选水族箱

水族箱可以说是饲养热带鱼的最基本用品，在热带鱼商店或者大型日用品商店都有琳琅满目的水族箱可供挑选。那么，应该怎样挑选最合适的水族箱呢？最近市场上出现了很多可爱型的小水族箱。这种小水族箱装饰性能高，不占房屋空间，安装方便，但同时也存在一个缺点，那就是能容纳的水量很少。水族箱中的水，对生活在里面的热带鱼来说，就像是空气对人一样重要，只要

有鱼在，水质即使肉眼看着没什么变化，但在鱼的排泄物和吃剩下的鱼饲料的影响下，也是在慢慢恶化的。如果水量少，水质的恶化速度会更快，就必须更高频率地换水或者调整水质。在这个意义上来说，水族箱的水量越大，水质恶化的速度就会越慢，日常维护也越轻

松。话虽这么说，但大的水族箱也意味着需要占用更大的空间。而且，60厘米的普通水族箱放满水的时候，重量可达60千克左右，一旦安装好，再移动位置就不容易了。所以我建议安装水族箱的时候，在预定的空间范围内选择尽可能大的水族箱。

另外，也需要提前确定好，您想要饲养的热带鱼会长到多大。

<table>
<tr><td colspan="3">水族箱的水量和重量</td></tr>
</table>

水族箱尺寸	水量	水的重量
30厘米立方体水族箱（宽30厘米×深30厘米×高30厘米）	27升	27千克
45厘米常规水族箱（宽45厘米×深27厘米×高30厘米）	36.45升	36.45千克
45厘米立方体水族箱（宽45厘米×深45厘米×高45厘米）	91.125升	91.125千克
60厘米常规水族箱（宽60厘米×深30厘米×高36厘米）	64.8升	64.8千克
90厘米常规水族箱（宽90厘米×深45厘米×高45厘米）	182.25升	182.25千克

※虽然在实际使用中，不会出现整个水族箱都满水的情况，但计算重量时，还要加入水族箱本身的重量、水族箱里面的砂子、石头、沉木等物品的重量。

水族箱的安装场所

选择水族箱的安装场所是第一个难关

在房间里安装水族箱的时候，选择什么样的地方最合适呢？很多人会选择窗边有阳光的地方，但其实这种地方并不好。白天晒得到太阳的时候，可能会造成水族箱里的水温过高（特别是夏天的水温上升，对热带鱼是非常危险的），还会产生过度的光合作用，使水族箱里生成过多的藻类等诸多意料之外的缺点。热带鱼这个名字可能容易对大家造成影响，其实一般热带鱼合适生存的水温是25~28℃，而夏天在封闭的房间内，如果阳光直射的话，水温短时间就可以超过30℃。这样的话，非常有可能发生水族箱里的鱼在一天内全都死光的悲剧。

还有，在安装水族箱前必须考虑好水路的问题。水族箱的日常维护需要经常更换水，所以尽量选择安装在方便连接水路的地方。

有阳光的窗边会造成水温的剧烈变化，尽量避免将水族箱放在这种地方

水族箱必须安装在水平的地方，这个是不可动摇的铁的法则。如果将水族箱放到有斜度的地方，必然造成水族箱的局部受力不均，会导致水族箱的破裂或者漏水。另外，中型以上的水族箱注水后，重量也是相当可观，因此接触面必须坚实牢固，否则可能会造成接触面沉降。

还要注意的一点是电源，水族箱的周边用品有许多是需要用电的，因此需提前将插线板安装到合适的地方，便于后期取电。

如果安装在表面不平的地方，可能会造成水族箱破损

水温过高的对策

夏天在封闭的房间内，即使没有在阳光直射的窗边，也会有水温不停上升的情况。虽说热带鱼在水温缓慢上升的情况下最高可以耐受30℃的水温，但最好还是要把水温控制在28℃以下。作为夏天

高温的对策，水族箱专用风扇和冷风机可以让温度降下来。当然，也可以用房间的空调来降低温度。如果发现水温已经超过30℃，请逐步更换水族箱的水以降低水温，切不可直接将冰块放入水中，剧烈的降温会给热带鱼带来伤害。

安装水族箱

必需的物品都备齐后，现在开始安装水族箱。在决定饲养热带鱼之后，最好提前2周（至少提前10天）安装好水族箱，并启用过滤器循环过滤，清洁其中的水。这样可以让水中的细菌加速繁殖，有利于热带鱼的栖息。

1 这次我们以安装小型的水族箱为例，不同尺寸的水族箱，大概的流程是相同的。

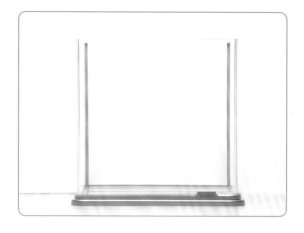

2 将水族箱安装到水平的地方。注入水后水族箱会变得很重，务必选好地方再安装。

3

将铺在水族箱底部的砂子放入水桶，用水仔细清洗。这次我们用的是粗砂，如果想让水草扎根，用水草泥也是可以的。如使用底部过滤器，请先安装过滤器。

4

将粗砂铺在水族箱的底部，水族箱的前面铺薄点，后面铺厚点，这样整个水景会看起来更有立体感。

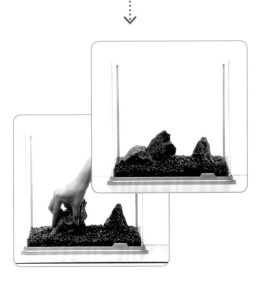

5

底砂铺完后，放入石头和沉木。放石头的时候，注意不要磕碰到玻璃。石头和沉木的位置在后期也可以适当变更，但大致的位置要在这个阶段就定下来。

6

接下来准备水族箱的水。请用除氯剂和水质稳定剂等调整好水质。

7

往水族箱注入水，这个时候不要注得太满。因为接下来要将手伸入水族箱内，过满的话会溢出来。

8

注入水后，开始种植水草，如果有专用的水草镊子会很方便。水草的种植，也按照后侧高，前侧低的顺序来做。

9

这是后侧水草种植完的样子。种植水草的时候，无需一下子种完，可以边调整边种。

10

接下来种植前侧的水草。

11

水草种完后，安装好加热器、过滤器、照明灯就完成了。将过滤器通上电源，让水循环流动，等待水中的硝化细菌繁殖。

关于养水

养鱼先养水

　　饲养热带鱼最重要的事情就是养水（养成满足热带鱼需求的水），同时，尽可能地维持水质，可以说这是饲养热带鱼的最重要环节。

　　水族箱布置好之后就可以开始养水。这个"养水"对于饲养热带鱼来说非常重要。也有人直接用自来水饲养热带鱼，但自来水中的氯对于鱼来说是有害的，需要用除氯剂等来调整水质。市场上有很多液态的除氯剂，可轻松买到，请事先准备。除氯后还需要使用水质稳定剂、硝化细菌等调整好水质。在开始饲养热带鱼之前，请启动过滤器水泵，让水循环维持数日。这些准备工作就绪后，后面的饲养工作就会轻松很多了。

　　需要注意的是，即使准备非常充分，开始饲养时水质还是不稳定的，容易出现水质突然恶化的情况。因此，刚开始的

时候，需要高频率少量地更换水族箱的水。这个原因在于饲养初期水中的细菌还不够稳定，不能够完全地分解水中的氨。这时可以使用硝化细菌来稳定水中的菌群，硝化细菌本来是伴随热带鱼的栖息慢慢生长繁殖的，但在刚开始的时候使用硝化细菌添加剂可以迅速地稳定水质。

饲养开始后，鱼的排泄物会导致水质的恶化，用过滤器可以在一定程度上净化水质，但也只能在一定的限度范围内。换水这个工作是饲养热带鱼必不可少的，不换水饲养热带鱼基本上是不太可能实现的。换水能使恶化的水质得以恢复，还能去除水族箱内的垃圾和吃剩的鱼食。这和喂食一样，是饲养热带鱼很重要的工作。用于更换的水，需要跟刚开始注入的水一样养好，调整好水质。使用调整好的水来更换，水质变化小，能把由此带给热带鱼的伤害控制在最低程度。

pH调整剂

换水用的泵

水质稳定剂

控制水的pH，让热带鱼展现更美的体色

用上述的办法，养活热带鱼是没有问题了，现在让我们来更进一步。pH是用来体现水的酸碱度的，使用pH中性的水养热带鱼是没问题的。自来水去掉其中的氯，即为酸碱度中性的水质，是可以用来饲养热带鱼的。

但如果要让热带鱼繁殖，或让热带鱼展现其艳丽的体色，就需要控制水的pH了。根据饲养的鱼的品种，使用pH调整剂将水调整为弱酸性或弱碱性，就能把它们饲养得状态更棒。现在市场上有各种各样调整水质的商品销售，可以好好利用。

关于过滤器

维持水质的必备之物

过滤器是饲养热带鱼的必备物品之一。作为创造水族箱内生态环境的中枢机器，过滤器使水循环的同时，能去除水中垃圾杂质，还能给水中注入氧气。

过滤器有很多种，有外挂式的、入水式的，也有放在水族箱底部的、放在水族箱上部的、放在水族箱外面的等。根据水族箱的尺寸和热带鱼的品种不同，选择使用不同的过滤器。但各种过滤器的功能原理在根本上来说区别不大，其原理在于，吸入水族箱中的水，使其通过过滤材料，再回到水族箱。只要过滤材料上有足够的硝化细菌，就能分解掉水中的氨和废弃物，保持水质的稳定，养出更好的水质。

小型水族箱由于安装的空间有限，经常使用外挂式过滤器、底部过滤器或者入水式过滤器。而大型的水族箱，就要配大功率的过滤器，要能放入大量的过滤材料，一般采用上部式或者外置式的过滤器。但也并不是一定要这样，可

以根据具体的用途来选择使用，也可以将上部式、入水式、外挂式等各种过滤器同时并用。如果不清楚什么样的过滤器才适合自己的水族箱，可以咨询一下水族店的店员。

另外，过滤器由于回收水族箱内的垃圾杂质，所以里面的过滤材料需要定时清洗。清洗时为了不丢失硝化细菌，最好用养好的水来清洗过滤材料。

主要的过滤器种类

外置式过滤器

底部过滤器

外挂式过滤器

上部过滤器

入水式过滤器

选择热带鱼

想象一下，你要饲养什么
样的热带鱼

　　到此为止，我们讨论了热带鱼的饲
养环境、水族箱的周边用品等。水族箱
领域现在日新月异的在发展变化，水族
箱周边用品跟前几年相比变化也非常
大，因此需要时时留意新出来的东西。

尤其是最近几年来，小型水族箱相关的商品开发非常迅速，涌现出大量的周边用品。所以你可以根据自己的喜好来营造合适的饲养环境，可以更轻松地迈入饲养热带鱼的门槛。

饲养环境都准备齐全之后，接下来到选择热带鱼的时间了。首先，想象一下你要用什么样的水族箱饲养哪种热带鱼吧。这时你可以翻阅一下热带鱼的相关书籍，或者直接咨询水族店的店员。

决定饲养哪几种热带鱼之后，建议你去热带鱼水族店看看，看到实际的热带鱼之后，能加深对鱼的印象，也可以跟店员咨询这种鱼的特点和需要注意的地方。如果想同时把几种鱼在同一个水族箱里混养，要注意哪些鱼是不能混养的，最好提前考虑好要混养哪几种鱼，搭配哪些水草。

选择热带鱼的注意点

决定饲养的热带鱼的品种之后，就要具体挑选哪条鱼了。即使是同样的品种，由于经销商和卖家管理不善，也有可能造成鱼的健康问题。刚开始饲养热带鱼的你，可能看不出热带鱼健康状态

的好坏，因此不要马上购买，可以多走几家店看看。

　　分辨热带鱼的健康状况，有几个观察要点：①背鳍和尾鳍等鱼鳍是否完整；②鱼眼睛是否充血；③鱼的呼吸是否急促；④鱼鳞是否有剥落或者擦伤；⑤鱼的泳姿是否正常。多走几家店进行比较，就能慢慢学会辨别鱼的状态，掌握这个技能之后，就能辨别出哪些水族店是值得信赖的。找到这样的店，对于饲养热带鱼非常重要，当你饲养热带鱼期间碰到困难或者解决不了的问题，就可以跟他们咨询。请跟挑鱼一样，用心挑选出这样的水族店。

图为在泰国捕获的鲤科热带鱼。水族箱要再现当地的栖息环境

买了热带鱼之后

　　选定中意的热带鱼之后，就可以购买了，购买时请同时购入合适的鱼食。购买的热带鱼一般会被装入充了氧气和水的塑料袋。因为有水，所以一般分量不轻，路上尽量不要摇晃，小心地拿回家。

　　塑料袋中的水毕竟量很少，温度容易发生变化。夏天容易水温过高，冬天容易水温过低，请尽快拿回家，避免温度变化对热带鱼造成伤害。如果回家需要耗费的时间较长，购买时最好让卖家多充入点氧气，或者使用保温袋等相应工具。

Chapter 2

热带鱼的入缸以及日常管理

终于到了将热带鱼移入水族箱，开始和它们一起生活的时候了。
事先做好充分的养水工作，可以放心地将鱼移入，剩下的就是日
常管理了。

适应水质和温度

接下来就要将热带鱼移入到准备好的水族箱里了。这个时候最重要的一件事就是让鱼适应新的水质和温度。买回来的热带鱼已经习惯了水族店里的水，家中水族箱的水质和温度对它们来说是全然不同的，如果一下子将鱼转移过去，会让它们极度恐慌，可能会导致死亡。因此要避免这个情况，就要慢慢地掺入水，给热带鱼充分的适应时间，适应水质、适应温度就是指这个过程。

买回来的热带鱼多是装在透明塑料袋里的，先不要开封，将整个袋子放入水族箱，使之浮在水中。一段时间之后，塑料袋里的水温就和水族箱的水温一致了。

水温一致之后，就到了适应水质的环节。将袋子打开，保持塑料袋依然是浮在水上的状态下，将水族箱的水掺入塑料袋。这个时候要注意不能一下子掺入大量的水，会引起热带鱼的恐慌，应该一点点的掺入，花点时间让鱼慢慢适应。掺水的时候，可以用勺子慢慢加水，或者在塑料袋上开个小孔让水自然渗入。对于水质变化特别敏感的热带鱼，比如从南美等地直接进口的野生个

将买鱼时包装好的塑料袋整个原封不动地放入水族箱，使之浮在水中。让它慢慢地和水族箱的水温保持一致

用夹子将塑料袋固定在水族箱壁上更便于掺水。应少量慢慢地掺水

体或者本来就状态不佳的鱼，可以用细管，将水族箱的水一滴滴地滴入袋子里。适应水质的时间，最少需要1小时，根据情况不同，可多达数个小时。适应水质的时候，需注意观察塑料袋里的鱼，这个时候热带鱼会有异常的动作，有的会不安的快速游动，有的会沉在袋子水底一动不动。等适应水质之后，异常的动作就会慢慢缓下来。

等热带鱼适应了水质，镇静下来之后，就可以慢慢地将它们从塑料袋放入水族箱内。大多数情况下，热带鱼会先沉到箱底一动不动，等习惯了环境才会开始四处游动。到此你就可以放下心了，之后它们会在水族箱中找到自己的栖身之地，安顿下来。

热带鱼入箱后的注意点

热带鱼移入水族箱之后，对鱼来说水族箱是一个全新的陌生环境。为了适应环境，它们会躲到水草或者沉木等地方，不见踪影。这个时候千万不要去驱赶它们，热带鱼适应新环境的几天时间里，也不用投饵喂食。

请仔细观察热带鱼的状态，如果鱼镇定下来，就说明没有问题了

适应水质做得足够充分的话，热带鱼从塑料袋里出来，就马上会在水族箱里欢快地游动

关于鱼食

请注意不要喂食过度

喂食是热带鱼饲养中饶有趣味的一幕，但有几个地方需要注意。大家经常会因为想看热带鱼追逐食物的可爱样子而每天多次喂食。但这个行为对热带鱼的健康是不利的，在大自然的环境下，鱼是不可能随时都能吃到食物的，因此一天喂食一次足够了，而且需要投喂的量比你预想的要少得多。除了像杰氏鮠或者卵胎生的鳉鱼如果不一直吃鱼食就会很快瘦下去之外，大多数的热带鱼一天少量地喂食一次就足够了。特别像红虫等活饲料，如果喂食过度，热带鱼就会长得过胖而变丑。如果热带鱼不

能将鱼食都吃完，剩下的鱼食还会在水族箱里腐烂，污染水质。在大自然的状态下，水域广阔吃剩些食物没有什么影响，但在水族箱这个狭小的水量内，水质的污染对生活在水里的鱼来说是生死攸关的大事。因此，投食量应该控制在能让鱼都吃光的程度，隔几日一次的频率即可。如果有吃剩下的鱼食，尽可能地用网兜清理掉。

请根据热带鱼的品种，喂食合适的鱼食

热带鱼分成各种品种，既有吃浮藻类的，也有吃小鱼、小虾类的。它们的活动区域也不同，既有生活在水

石斧鱼等在水面附近活动的热带鱼，适合投喂不会沉的薄片状鱼食

火焰变色龙因难以喂食闻名，由于其体型较小，如果人工饲料也难以喂食，可以试试喂丰年虫

兵鲇鱼等在水底活动的热带鱼，适合投食沉底类的鱼食

族箱水底的，也有一直在水面附近活动的。因此，喂食的鱼饲料也要根据鱼的品类考虑是悬浮类的还是沉底类的鱼食适合。

现在市场上有各种各样的鱼食生产厂家，购买时可以跟店员咨询，买到适合你的热带鱼的鱼食。

在东南亚等地养殖的热带鱼，大多数已经习惯了人工饲料。但从南美等地空运进口而来的野生热带鱼，很多不吃人工饲料。这个时候，可以试试小虾干或者冷冻红虫等鱼食。

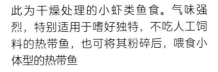

＜热带鱼的代表性鱼食＞

此类薄片状的人工饲料可以长时间地浮在水面，然后缓缓地沉下去，适合多种热带鱼的喂食方式。它营养丰富，能应对各种热带鱼的需求

此为干燥处理的小虾类鱼食。气味强烈，特别适用于嗜好独特，不吃人工饲料的热带鱼，也可将其粉碎后，喂食小体型的热带鱼

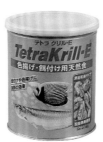

挑战混养热带鱼

混养热带鱼要充分考虑鱼的习性

欣赏水族箱中各种不同热带鱼的美丽身影，是饲养热带鱼的一大乐趣。但混养热带鱼有许多需要注意的地方，如果不事先掌握这些要点，会引起各种各样的麻烦。

首先，混养热带鱼的一个绝对条件，就是不能混入肉食性的鱼种。因为对肉食性的鱼种来说，其他游动的鱼都是它的饲料，绝不会和平共处。另外，领地意识太强的鱼种也还是避开为佳，因为这种鱼会驱赶和撕咬其他鱼，导致其他鱼受伤。虽说所有的鱼都会有一定的领地意识，但像部分棘鳍类和斗鱼类等领地意识强烈的鱼种是不适合混养的。如果你对此不能分辨清楚的话，购买时可以事先跟店员咨询一下。

脂鲤科和鲤科的热带鱼有喜欢成群游动的习性，大家一定看到过在栽有水

草的水族箱里成群游动的红绿灯鱼吧，这种鱼最适合混养，大家可以从这种鱼开始着手。

还有，尽可能选择体型差不多大小的鱼混养，可以有效避免鱼之间的冲突。

斗鱼的雄鱼容易相互攻击，不适合混养

划分水族箱里热带鱼的游动区域

在水族箱里混养多种热带鱼的时候，有个重要的事情就是要考虑它们平时都是在哪里活动的。比如，将在水族箱水面附近活动的鱼种、水族箱中间层活动的鱼种以及水族箱水底活动的鱼种放在一起，由于它们游动的区域不同，相互之间就不会引起矛盾。举例来说，水底养兵鲇鱼，中间层放霓虹灯鱼，水面附近养石斧鱼，不同的热带鱼放入不同的水层，这样就能构成和谐的混合热带鱼水族箱。

另外，也要在水族箱中放入水草、沉木、石头等，给热带鱼提供隐蔽躲藏的场所也很重要。

注意鱼的数量不要放入过多

现在有一种方法，在水族箱中放入大量的鱼，造成过密状态，说是能抑制混养带来的问题。但我不建议使用这个方法，这个方法的本质是因为鱼的数量密集，无暇区分自己的领地，因此放弃了相互攻击。但数量过密同时会造成水质恶化以及鱼群的情绪紧张。热带鱼在混养的时候，本来就容易因游动过多而疲惫，因此还是要注意避免水族箱内热带鱼数量过多。

水族箱中间层游动的热带鱼代表品种

水质和鱼的状态的关系

水质好，鱼才会健康

水族箱里热带鱼的健康状况绝大部分取决于水族箱里的水。在大自然里，热带鱼如果感到水质变差，就会移动到水质好的地方，但在水族箱里没法办到，因此一旦水质变差，鱼的健康状态也随之恶化。而且水族箱里的水质即使变差了，也很难用肉眼看出来，即使是无色透明的水，也有可能其中的氨浓度已经超标，抑或水的pH已经过高或过低，要长期饲养热带鱼的话，必须在水质恶化之前解决这些问题。

那么，怎么能防止水质恶化呢？首先要观察鱼的状态。如果水质好，鱼会游动活泼，进食量大，身体的颜色显得艳丽。一旦水质变差，鱼就会不爱游动，呼吸急促，体色也会黯淡。所以一但观察到鱼的状态不对，先要怀疑是否水质不好了。

另外，在鱼状态良好的时候，可以使用水质检查药剂等记录下pH等数据的变化，作为判断水质的标准，这样就可以掌握大概养了几天之后水质会变差。

在水质好的情况下，热带鱼健康状况良好，体色会前所未有的艳丽

刚被捕捉到的热带鱼，由于疲惫，体色显得黯淡

喜欢Blackwater（指以内格罗河为代表的带黑褐色偏酸性的水）的锯盖足鲈（别名巧克力飞船）

在合适的水质下，火翅金钻鱼就会呈现艳丽的体色

鱼种不同，需要的水质也各不相同

饲养热带鱼的水质，基本上以中性为主，但鱼种不同，喜好的水质也不尽相同，比如产自孟加拉的火翅金钻鱼，栖息地的水质是中性至碱性，因此养这种鱼的水以靠近中性至碱性为佳。锯盖足鲈（别名巧克力飞船）也会因为水质而影响到体色。

只要水质合适，热带鱼会呈现给我们令人惊艳的体色。我们在平时要仔细观察热带鱼的状态，找到最合适的水质并保持下去。

调查热带鱼栖息地的水质信息，并调整水族箱的水质使其接近栖息地水质

关于换水

在热带鱼的饲养过程中，换水是日常管理中必不可少的。前面我们已经说过，即使肉眼看不到变化，其实水族箱里的水质是一直在恶化的。因此，必须定期换水，以保证让热带鱼有个舒适的生活环境。

但这里要指出一点，一下子大量的换水，会让水族箱的水质发生剧变，给热带鱼的健康带来负担。另外，水族箱的水含有大量硝化细菌，能有效分解水族箱里的氨和其他废弃物，而水族箱换的新水大多是没有硝化细菌的，因此如果一次性大量地换水，会造成水族箱里硝化细菌的大量丢失。为避免这个问题，换水的最理想的方式就是每次换少量的水，提高换水的次数。将用于更换的新水装在水桶里，每天只要往水族箱

通过换水，更新水族箱里的旧水，能提升热带鱼生存环境

如果配备一个换水用的水管，换水工作会很轻松

里加入被蒸发掉的那部分水就可以了。可能有人会觉得每天管理很麻烦，想一星期换一次。如果是这样的话，一次换水的量不要超过水族箱的1/4，同时，不要忘了清理水族箱底部的吃剩的鱼食以及其他垃圾，并清洗箱底和鱼网。

顺便再提一下，用于更换的水，要使用放置了几天的水或者使用水质调整剂处理过的水。自来水含有氯和重金属，会影响热带鱼的健康，应避免直接使用。

用于换水的水，请事先用水质调整剂等，去掉其中的氯

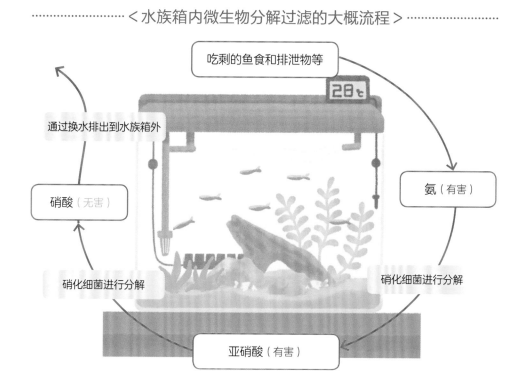

43

除苔祛藻

有些青苔藻顽固难清理

玻璃表面黏附的斑点状青苔，可以用密胺材料的海绵或除苔用的刮刀、尺子等去除

无论多勤快地打理，时间一久，在水族箱里就会产生青苔。玻璃表面一旦被青苔覆盖，就看不到精心布置的水景以及热带鱼的身影了。为了保持水族箱的清洁通透，我们不得不跟这些讨厌的青苔做斗争。

在水族箱里生长的青苔分成各种种类。水族箱玻璃表面上附着的绿色青苔，用密胺材料的海绵或者刮藻刷可以轻松去除。在每次换水的时候，清洁一下玻璃，就可以避免青苔大量生长，维持水族箱清洁。另外，还可以在水族箱中放入以青苔为食的米虾或者清道夫，

也能有效去除青苔。

比较棘手的是在水族箱内生长的蓝藻、绿藻等藻类。这些藻类生命力顽强，繁殖速度快，而且会跟水族箱里的水草纠缠在一起，很难清理干净。这些水藻很多是由于水质的富营养化引起的，勤于换水可以改善这一状况。另

将密胺材料的海绵切成小块，以便使用

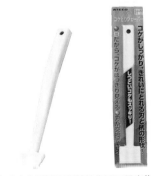

市场上有各种清理青苔的专用工具出售

水草上生长着丝线状的绿藻

纠缠在水草周边的蓝藻

外，市场上有出售抑制藻类生长的药剂，可以使用。但是，水族箱里的水草跟藻类一样是植物，对藻类有效的药品同样会对水草造成影响，这点需要特别注意。由于藻类也是通过光合作用来繁殖的，只要关掉水族箱的灯，用布或者旧报纸盖住水族箱几天，藻类就不能生长，也可以有效治理藻类。

　　最棘手的是出现在水族箱里的胡须状的黑色藻类，它生长在玻璃表面、沉木或者过滤器上，非常难以清理。以青

苔藻类为食的鱼虾也不吃这种藻类。一旦出现这种黑藻，就要及时清理，以免扩散。

胡须状的黑藻一旦出现就会很棘手

1

水族箱玻璃表面的青苔。

2

用除苔专用的刮刀进行刮除。

3

用海绵清理后，换水。别忘了去掉水中漂浮的藻类。

能清洁水族箱的生物

大和米虾

　　在水族店销售的生物中，有些种类能帮我们吃掉水族箱内的青苔，如米虾等，可以在水族箱中放入一些这样的生物，能在一定程度上祛除青苔。但和混养热带鱼一样，事先请确认一下它们跟水族箱中的热带鱼的相容性，以免出现放入米虾后，一个晚上就被热带鱼吃掉的悲剧发生。

能吃掉水族箱内的青苔藻类等的生物

多齿新米虾

蜜蜂虾

黑线飞狐

筛耳鲇（小精灵鱼）

托氏变色丽鱼

石蜑螺

扁蜷螺

Chapter 3

热带鱼的伙伴们

在这章中，我将为大家介绍一些比较常见的热带鱼。这里以介绍的在小型水族箱里容易饲养的小体型热带鱼为主。大家一定要试着养养看。

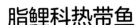

脂鲤科热带鱼

　　脂鲤科热带鱼是淡水热带鱼的一大家族，从小体型的红绿灯鱼到大体型肉食类的水虎鱼、橙腹牙鱼都属于这一品种。其分布在从中南美到非洲的广大领域，特点是所有鱼都有一根脂鳍。

红绿灯鱼
Paracheirodon innesi

这种鱼作为观赏鱼类，自古以来为人们所熟知，是最有名、最好看的热带鱼之一。这种鱼在香港大量养殖，常见于商店销售，价格便宜，其作为饲养热带鱼的入门鱼种，很受欢迎。这种鱼不挑鱼食，容易饲养。

分布：亚马孙河
体长：3厘米
水温：25~27℃
水质：弱酸性~中性
水族箱：20厘米以上
饲料：人工饲料，活饲料
饲养难易程度：容易

钻石红绿灯鱼
Paracheirodon innesi var.

这种鱼是红绿灯鱼的改良品种，富有美丽的金属光泽，产于东南亚。如同它的名字一样，它头部到体侧有美丽的金属光泽，当成群在水族箱的水草间游动时，令人赏心悦目。本鱼跟红绿灯鱼同样容易饲养。

分布：东南亚
体长：3厘米
水温：25~27℃
水质：弱酸性~中性
水族箱：20厘米以上
饲料：人工饲料，活饲料
饲养难易程度：容易

黄金红绿灯鱼
Paracheirodon innesi var.

这种品种改良后的鱼全身为白色，在富有透明感的乳白色身体上有一条蓝色的线条，给人一种清爽的感觉。现在这种鱼普及程度广，售价便宜且容易饲养。

体长：3厘米
水温：25~27℃
水质：弱酸性~中性
水族箱：20厘米以上
饲料：人工饲料，活饲料
饲养难易程度：容易

绿莲灯鱼
Paracheirodon simulans

这种鱼属于小型红绿灯鱼中体型特别小的品类。它的身体颜色跟红绿灯鱼近似，红色部分颜色较浅，身体外侧有条令人印象深刻的蓝色条纹，也因此得名。绿莲灯鱼在有水草的水族箱中游动时，显得特别优美。需要特别注意的是，此鱼喜爱吃草，容易吃掉水草的新芽。

分布：内格罗河
体长：2.5厘米
水温：25~27℃
水质：弱酸性~中性
水族箱：20厘米以上
饲料：人工饲料，活饲料
饲养难易程度：普通

宝莲灯鱼
Paracheirodon axelrodi

此鱼为最美的热带鱼品种之一。跟红绿灯鱼相比，其腹部的红色更宽、更艳，让人印象深刻。由于体型较大，此鱼在有水草的水族箱中成群游动时，看上去特别漂亮。日本一般是从南美进口宝莲灯鱼，每年进口的数量是固定的，但最近已有人工繁殖的宝莲灯鱼出现。这种鱼饲养的难度不高。

分布：内格罗河
体长：4厘米
水温：25~27℃
水质：弱酸性~中性
水族箱：20厘米以上
饲料：人工饲料，活饲料
饲养难易程度：普通

49

红灯管鱼
Hemigrammus erythrozonus

这种鱼在观赏鱼中较为常见，因其美丽的体色，自古以来被人们所熟知。它的身体富有透明感，有一条橙色的荧光线条，体态优美。红灯管鱼在东南亚红灯管鱼被大范围养殖，日本每年有固定数量的进口。它价格便宜，性情温和，可与其他鱼种混养，生命力顽强，也容易繁殖。

分布：圭亚那
体长：3厘米
水温：25~27℃
水质：弱酸性~中性
水族箱：20厘米以上
饲料：人工饲料，活饲料
饲养难易程度：容易

蓝线金灯鱼
Hemigrammus armstrongi

体表有金属的银色光泽是这种鱼的特征。此鱼也因身体的侧面有一条蓝色的线条而得名。这种鱼较为常见，容易买到，生命力顽强，不挑鱼食，容易饲养。蓝线金灯鱼在水草间游动时光影闪现，建议成群饲养。

分布：圭亚那
体长：3.5厘米
水温：25~27℃
水质：弱酸性~中性
水族箱：20厘米以上
饲料：人工饲料，活饲料
饲养难易程度：容易

黑灯管鱼
Hyphessobrycon herbertaxelrodi

这种鱼体型别致，如果饲养得好，它的鱼鳍能长的很长，显得体态优美。本鱼较为常见，容易饲养，是入门的推荐鱼种之一。它黑色的体色，能衬映出水草的美丽。

分布：巴西
体长：3.5厘米
水温：25~27℃
水质：弱酸性~中性
水族箱：20厘米以上
饲料：人工饲料，活饲料
饲养难易程度：容易

玫瑰扯旗鱼
Hyphessobrycon rosaceus

这种鱼体色鲜艳，背鳍宽大而美丽。雄鱼会通过展现自己来争夺配偶，此时最有观赏价值。玫瑰扯旗鱼是脂鲤科热带鱼中较美丽的品种之一，饲养状态好的话，非常赏心悦目，值得精心培育。如果进口时状态良好，养熟后，饲养就不难了。

分布：亚马孙河
体长：5厘米
水温：25~27℃
水质：弱酸性~中性
水族箱：30厘米以上
饲料：人工饲料，活饲料
饲养难易程度：普通

柠檬灯鱼
Hyphessobrycon pulchripinnis

这种鱼因其金黄的体色如同柠檬而得名，是最为常见的脂鲤品种之一。本鱼在东南亚广泛养殖，日本的进口量也较大。柠檬灯鱼容易饲养，但它会吃水草的新芽，需要特别注意。

分布：亚马孙河
体长：4厘米
水温：25~27℃
水质：弱酸性~中性
水族箱：20厘米以上
饲料：人工饲料，活饲料
饲养难易程度：容易

红衣梦幻旗鱼
Hyphessobrycon sweglesi

这种鱼非常漂亮，在水族箱中惹人注目，使人过目难忘，适合在有水草的水族箱中成群饲养。雄鱼背鳍又长又直，通体呈红色，肌肉透明。本鱼中有种叫"鲁普拉"的鱼，体色尤其鲜红而美丽。红衣梦幻旗鱼可用人工饲料喂养，状态良好时，体色通透红亮。

分布：秘鲁、哥伦比亚
体长：4厘米
水温：25~27℃
水质：弱酸性~中性
水族箱：20厘米以上
饲料：人工饲料，活饲料
饲养难易程度：普通

大颚细锯脂鲤鱼
Pristella maxillaris

这种鱼以背鳍和尾鳍的可爱条纹色彩而闻名。日本有进口大量养殖的个体，可轻松买到，容易饲养。因其不挑鱼食，是入门者可轻松养活的鱼种之一。

分布：巴西南部
体长：4厘米
水温：25~27℃
水质：弱酸性~中性
水族箱：20厘米以上
饲料：人工饲料，活饲料
饲养难易程度：容易

蓝国王灯鱼
Inpaichthys kerri

这种鱼通体蓝色，异常美丽，可以根据光线的折射，散发出亮丽蓝色。本鱼容易饲养，但脾气略显暴躁，同种鱼之间容易频繁发生冲突。建议少量地饲养蓝国王灯鱼，并在水族箱中多种些水草。

分布：亚马孙河
体长：5厘米
水温：25~27℃
水质：弱酸性~中性
水族箱：20厘米以上
饲料：人工饲料，活饲料
饲养难易程度：普通

红尾玻璃鱼
Prionobrama filigera

这种鱼自古以来就是常见鱼种，可经常在水族店看到，它通体透明，且因其透明的身体而被人们所熟知。红尾玻璃鱼多在东南亚养殖，并大量进口到日本。本鱼饲养不难，可作为入门者的推荐鱼种。当水质变差时，其透明的身体会变浑浊，此时需要改善水质。

分布：亚马孙河
体长：5厘米
水温：25~27℃
水质：弱酸性~中性
水族箱：20厘米以上
饲料：人工饲料，活饲料
饲养难易程度：普通

迷你灯鱼
Hasemania nana

又称银尖鱼，其各个鱼鳍的顶端为醒目的白色，非常可爱。本鱼容易饲养，可以作为新人入门饲养的鱼种之一。迷你灯鱼在东南亚养殖，每年以固定的数量进口到日本。迷你灯鱼自古以来就为常见观赏鱼种，不挑鱼食。

分布：巴西
体长：5厘米
水温：25~27℃
水质：弱酸性~中性
水族箱：20厘米以上
饲料：人工饲料，活饲料
饲养难易程度：容易

红鼻剪刀鱼
Hemigrammus bleheri

其特点是鱼头为鲜红色，因美丽而广受饲养者欢迎。这种鱼最适养在有水草的水族箱里，在水草中成群游动时，显得尤为动人。建议一次购买10条以上这种鱼，并用弱酸性的软水精心饲养。

分布：亚马孙河
体长：5厘米
水温：25~27℃
水质：弱酸性~中性
水族箱：30厘米以上
饲料：人工饲料，活饲料
饲养难易程度：普通

红肚铅笔鱼
Nannostomus beckfordi

这种鱼是广受欢迎的脂鲤科铅笔鱼的典型代表，体态优美，适合作为新人入门的饲养鱼种。本鱼进口量大，常见于热带鱼水族馆中，其生命力顽强，是容易饲养的铅笔鱼品种。红肚铅笔鱼容易判断雌雄，多饲养几对的话，有望在水族箱繁殖。

分布：圭亚那、亚马孙河
体长：4厘米
水温：25~27℃
水质：弱酸性~中性
水族箱：30厘米以上
饲料：人工饲料，活饲料
饲养难易程度：容易

银斧鱼
Gasteropelecus sternicla

为自古以来的常见鱼种，是人们最为熟悉的斧鱼品种之一。与其他斧鱼相比，银斧鱼因为体型较大而略遭冷落，最近人们开始关注其他的小品种斧鱼。本鱼不挑食，易于饲养，但由于不吃沉在水底的鱼食，需要喂食漂浮性的鱼食。银斧鱼喜爱跳跃，水族箱需要盖上盖。

分布：圭亚那、秘鲁
体长：5厘米
水温：25~27℃
水质：弱酸性~中性
水族箱：36厘米以上
饲料：人工饲料，活饲料
饲养难易程度：普通

刚果扯旗鱼
Phenacogrammus interruptus

为自古以来的常见的观赏鱼种，产自非洲，属于脂鲤科热带鱼。刚果扯旗鱼要饲养在较大的水族箱中，长大后刚果扯旗鱼的鱼鳍会变长，体色鲜艳，看上去流光四溢。这种鱼在国外养殖并每年以一定的数量进口到日本，可低价购入。本鱼性格温顺，容易饲养。

分布：中非、刚果
体长：10厘米
水温：25~27℃
水质：中性
水族箱：40厘米以上
饲料：人工饲料，活饲料
饲养难易程度：容易

品类众多的脂鲤科热带鱼

大多数脂鲤科热带鱼在背鳍的后方，尾鳍的前面，有一根叫脂鳍的鱼鳍。如果你难以分辨小体型热带鱼的品种，可以注意一下是否有这个脂鳍，有的话就是脂鲤科热带鱼。脂鲤科鱼有很多品种，本书以介绍小体型的鱼为主，所以大盖具脂鲤和大眼利齿脂鲤等大型鱼在内的很多品种未涉猎。

鲤科热带鱼

鲤科热带鱼广泛分布在以亚洲为中心的热带和温带区域。它们虽然体型各异，但大多数生命力顽强，容易饲养。只要饲养得当，可呈现艳丽体色，是热带鱼饲养入门者比较容易上手的鱼种。

黑斑三角波鱼（蓝三角灯鱼）
Trigonostigma heteromorpha

是自古以来广受欢迎的鲤科代表鱼种。本鱼生命力顽强，不挑鱼食，对水质变化的适应能力强，因容易饲养而广受欢迎。这种鱼适合在有水草的水族箱中饲养。黑斑三角波鱼售价便宜，可轻松购买也是其魅力所在。

分布：马来半岛
体长：4厘米
水温：25~27℃
水质：弱酸性~中性
水族箱：20厘米以上
饲料：人工饲料，活饲料
饲养难易程度：容易

埃氏三角波鱼（金三角灯鱼）
Trigonostigma espei

埃氏三角波鱼身上的橙色光泽非常漂亮，跟黑斑三角波鱼模样很像，但鱼身体略短，体侧的镰刀形花纹较细，橙色光泽更为显眼。本鱼适合在弱酸性的软水环境中饲养，良好状态下，其通体散发橙红色光泽。

分布：泰国、马来西亚、印度尼西亚
体长：4厘米
水温：25~27℃
水质：弱酸性~中性
水族箱：20厘米以上
饲料：人工饲料，活饲料
饲养难易程度：容易

白氏泰波鱼（红蚂蚁灯鱼）
Boraras brigittae

泰波鱼属的鱼在小体型的鲤科鱼中已经算体型特小的鱼种了，而白氏泰波鱼则是观赏鱼类中体型最小的鱼。它的体型虽小，但艳丽的红色在水族箱中绝对是惹人注目的风景，也因此广受喜欢小型鱼的人们的喜爱。本鱼适合在弱酸性的软水环境中饲养，良好状态时会表现出让人惊艳的红色。饲养此鱼时需要注意要使用细小的鱼食，本鱼饲养以及繁殖也比较容易。

分布：婆罗洲
体长：2.5厘米
水温：25~27℃
水质：弱酸性
水族箱：20厘米以上
饲料：人工饲料，活饲料
饲养难易程度：容易

似晴尾波鱼（玫瑰小丑灯鱼）
Boraras urophthalmoides

是超小体型鲤科泰波鱼属的常见品种。本鱼自古以来广为人知，身体侧面有条黑色的线，在光线反射下发出绿色的光芒，其中雄鱼的线条更为粗壮美丽。本鱼由于体型较小，在混养和喂食时需要特别留意。

分布：柬埔寨、泰国
体长：2.5厘米
水温：25~27℃
水质：弱酸性
水族箱：20厘米以上
饲料：人工饲料，活饲料
饲养难易程度：容易

斑纹泰波鱼（小丑灯鱼）
Boraras maculatus

与似晴尾波鱼一样，本鱼也是自古以来广受欢迎的小体型泰波鱼种之一。这种鱼的特征是身体侧面有大圆点，通体呈红色。但斑纹泰波鱼根据个体不同，颜色和体型存在差异，圆点的大小也各不相同。本鱼不挑食，容易饲养，但由于体型小，需要喂食细小鱼食，建议以10条为单位进行饲养。

分布：马来半岛、苏门答腊
体长：3厘米
水温：25~27℃
水质：弱酸性
水族箱：30厘米以上
饲料：人工饲料，活饲料
饲养难易程度：容易

微型蓝灯鲃鱼
Microdevario kubotai

这种鱼是最常见的小波鱼种类，因美丽而广受欢迎。本鱼鱼如其名，在其背部有条闪光的蓝色线条。在小波鱼的品类中，蓝光小波鱼较为特殊，喜好弱酸性的水质，适合在有水草的水族箱中群养。这种鱼身上有可能会有寄生虫，需要注意其购买时的健康状况。

分布：泰国
体长：3厘米
水温：25~27℃
水质：弱酸性
水族箱：20厘米以上
饲料：人工饲料，活饲料
饲养难易程度：普通

虎皮鱼
Puntigrus tetrazona

在热带鱼水族馆可经常看到虎皮鱼，是自古以来为大家熟悉的热带鱼品种之一。以前虎皮鱼因爱攻击有长鳍的热带鱼而恶名昭彰，最新培育的品种已经没那么强的攻击性，饲养也相对容易。

分布：苏门答腊、婆罗洲
体长：6厘米
水温：25~27℃
水质：弱酸性~中性
水族箱：20厘米以上
饲料：人工饲料，活饲料
饲养难易程度：容易

五带无须鲃鱼
Desmopuntius hexazona

是小体型的无须鲃种类之一，体型优美，有多种亲缘品种，具有收藏价值。本鱼在状态良好的情况下，浑身发出红色的通透亮光，体侧可见绿色的金属光泽。它的原栖息地为接近Blackwater（指以内格罗为代表的带黑褐色偏酸性的水）的洁净小河，喜好弱酸性的水质。这种鱼性格温和，爱成群游动。

分布：马来西亚、婆罗洲、印度尼西亚
体长：5厘米
水温：25~27℃
水质：弱酸性
水族箱：20厘米以上
饲料：人工饲料，活饲料
饲养难易程度：普通

钻石彩虹鲫鱼
Pethia padamya

本鱼体色艳丽，几乎可与改良品种的热带鱼媲美。这种鱼属于常见的无须鲃，最近有直接进口的野生个体，表明它仍在大自然中存在。饲养状态良好的情况下，钻石彩虹鲫鱼身体的红色非常艳丽，只是性格略显粗暴。

分布：孟加拉
体长：6厘米
水温：25~27℃
水质：弱酸性~中性
水族箱：20厘米以上
饲料：人工饲料，活饲料
饲养难易程度：普通

樱桃无须鲃鱼（红玫瑰鱼）
Puntius titteya

鱼如其名，本鱼浑身通红，性格温和，可用于混养，适合各种人群饲养。饲养良好的情况下，这种鱼身体如樱桃般颜色鲜艳。本鱼不挑鱼食，日本偶尔会有野生个体进口。

分布：斯里兰卡
体长：5厘米
水温：25~27℃
水质：弱酸性~中性
水族箱：20厘米以上
饲料：人工饲料，活饲料
饲养难易程度：容易

斑马鱼
Danio rerio

是生命力顽强，且价格便宜的热带鱼品种，也是最为常见的热带鱼饲养品种。本鱼养殖的数量大，价格低，容易饲养和繁殖，可推荐给刚入门的饲养者。斑马鱼虽然价格便宜，但它的美丽不打折扣，非常惹人喜爱。

分布：印度
体长：4厘米
水温：23~27℃
水质：中性
水族箱：20厘米以上
饲料：人工饲料，活饲料
饲养难易程度：容易

金斑马鱼
Danio rerio var.

本鱼是从斑马鱼的品种改良而来的，是较为常见的斑马鱼品种之一。跟普通的斑马鱼一样，金斑马鱼价格便宜，且易于饲养，适合入门者饲养。

分布：不明
体长：4厘米
水温：23~27℃
水质：中性
水族箱：20厘米以上
饲料：人工饲料，活饲料
饲养难易程度：容易

火翅金钻鱼
Celestichthys margaritatus

是新属新种的小型热带鱼，具有令人惊艳的美丽。另有金点火翅斑马、银河斑马等别称，产于孟加拉国。由于它美丽的样貌，刚一进口到日本，就迅速成了抢手货。

分布：孟加拉国
体长：3厘米
水温：25~27℃
水质：中性~弱碱性
水族箱：20厘米以上
饲料：人工饲料，活饲料
饲养难易程度：普通

钻石红莲灯鱼
Sundadanio axelrodi

是波鱼属的一种，其因美丽而广受人们欢迎。跟其他的鱼种相比，本鱼不太受环境影响，能一直保持身体的蓝色金属光泽。钻石红莲灯鱼属于稍难饲养的品种。

分布：印度尼西亚
体长：3厘米
水温：25~27℃
水质：弱酸性
水族箱：20厘米以上
饲料：人工饲料，活饲料
饲养难易程度：稍难

黑线飞狐鱼
Crossocheilus siamensis

黑线飞狐鱼作为能吃掉水族箱里水藻和青苔的鱼类而闻名，是育有水草的水族箱里必不可少的存在。在同类吃水藻的鱼中，本鱼是最受欢迎的品类，除了因其鱼身不会长太大之外，其性格温和，不会攻击其他鱼类，可以和其他鱼种，甚至是小鱼种混养，也是它的优势。

分布：泰国、马来西亚、印度尼西亚
体长：10厘米
水温：25~27℃
水质：中性
水族箱：30厘米以上
饲料：人工饲料，活饲料
饲养难易程度：普通

圆斑拟腹吸鳅鱼
Pseudogastromyzon cheni

本鱼因其独特有趣的体型而富有魅力。它经常吸附在石头或者沉木上，它吸附在水族箱玻璃面上的样子尤为有趣。本鱼平日投喂人工饲料即可。

分布：中国、越南
体长：5~8厘米
水温：21~26℃
水质：中性
水族箱：30厘米以上
饲料：人工饲料，活饲料
饲养难易程度：普通

最大的热带鱼家族——鲤科

鲤科的鱼品类非常多，是淡水鱼最大的家族。鲤科鱼在世界各地分布广泛，热带以外区域的鱼也有作为观赏鱼类进入日本的。在日本的鲤科鱼中，也有类似鳍属等富有魅力的观赏鱼种。鲤科甚至还包括超过2m的超大型的鱼种。

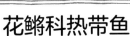

花鳉科热带鱼

进口到日本的花鳉科热带鱼，大概可以分成卵生和卵胎生两大类。所谓卵生鳉鱼就是普通产卵的类型，而卵胎生鳉鱼是指雌鱼在胎中将卵孵化，生产时直接将幼鱼排出体外的类型。鳉鱼容易繁殖，饲养时大家可以试试看自己繁殖。

红纹孔雀鱼
Poecilia reticulata var.

不仅是在日本，在全世界范围内，孔雀鱼都可以说是最受人们青睐的热带鱼品种。只要是销售热带鱼的水族店，基本上都会有孔雀鱼。刚进口的孔雀鱼，由于不适应水质和环境的变化，会略显脆弱，一旦熟悉了水质环境，它就会显示出顽强的生命力，繁殖也较为容易。所以只要能让孔雀鱼适应环境，就会不出意外地健康成长。

体长：5厘米
水温：20~25℃
水质：中性~弱碱性
水族箱：20厘米以上
饲料：人工饲料，活饲料
饲养难易程度：普通

蛇王孔雀鱼
Poecilia reticulata var.

同上所述的红纹孔雀鱼一样，本鱼也属于卵生外产的孔雀鱼，目前在东南亚大量养殖。右图所示的品种被称为"眼镜蛇"或者"蛇王"，是自古以来就较为常见的品种之一。艳丽的黄色和绿色是它最大的魅力。本鱼种作为极富个性的品种，你一定可以找到自己喜爱的个体。

体长：5厘米
水温：20~25℃
水质：中性~弱碱性
水族箱：20厘米以上
饲料：人工饲料，活饲料
饲养难易程度：普通

黑玛丽鱼
Poecilia sphenops

黑玛丽鱼为卵胎生，直接生产小鱼仔。其最大的特征是浑身漆黑。在饲养状态良好的情况下，它背鳍的边缘会发出令人惊异的黄绿色的光泽。本鱼不挑鱼食，而且可以吃掉水族箱里的藻类，适合在有水草的水族箱里饲养。这种鱼生命力顽强，容易饲养，且容易繁殖，它的鱼仔也是浑身通黑，非常可爱。

分布：墨西哥
体长：8厘米
水温：25~27℃
水质：中性~弱碱性
水族箱：20厘米以上
饲料：人工饲料，活饲料
饲养难易程度：普通

三色牡丹鱼
Xiphophorus variatus.var.

三色牡丹鱼是经过改良的常见鳉鱼品种，有宽大的鱼鳍，现在市场上已很难看到原有的品种，都将改良品种当作原有品种在销售。本鱼及相近血缘的鱼种全都容易饲养和繁殖，为入门者的推荐饲养品种。这种鱼生命力顽强，活泼好动，适合和其他鱼种混养。

体长：6厘米
水温：25~27℃
水质：中性~弱碱性
水族箱：20厘米以上
饲料：人工饲料，活饲料
饲养难易程度：容易

月光鱼
Xiphophorus maculatus var.

这种鱼和孔雀鱼一样，是常见的卵胎生品种鳉鱼之一，自古以来为人们所熟悉。购买本鱼时建议雌雄成对购入，能看到饶有趣味的可爱小鱼出生的场景。买鱼时要保证购入的鱼进口到日本时是状态良好的，因为健康状态不好的新月鱼很难养活，所以买这种鱼的前提条件是要挑选被精心饲养的鱼。左图是最为常见的"红月光"品种。

分布：墨西哥
体长：5厘米
水温：25~27℃
水质：中性~弱碱性
水族箱：20厘米以上
饲料：人工饲料，活饲料
饲养难易程度：普通

剑尾鱼
Xiphophorus helleri var.

剑尾鱼和孔雀鱼、新月鱼并列为卵胎生热带鱼3大主要的鱼种之一，因其雄鱼的尾鳍如剑般向后伸展，故而得名。它有各种经过改良的花色品种，可以看到各种体色和鱼鳍的形状。剑尾鱼因其生理发育有性逆转现象而闻名，可在水族箱中观察这个时期的变化。剑尾鱼以及其相近血缘的卵胎生鱼种都比较容易饲养和繁殖，但性格略显粗暴，领土意识强烈。

分布：墨西哥
体长：8厘米
水温：25~27℃
水质：中性~弱碱性
水族箱：30厘米以上
饲料：人工饲料，活饲料
饲养难易程度：容易

爪哇青鳉鱼
Oryzias javanicus

本鱼跟日本青鳉的血缘相近，和日本青鳉同属于青鳉属，眼睛呈青亮色，尾鳍向后伸展，体态优美。本鱼的特征是身体略显宽大，头部尖尖的。本鱼容易饲养。

分布：印度尼西亚
体长：4厘米
水温：24~27℃
水质：中性
水族箱：20厘米以上
饲料：人工饲料，活饲料
饲养难易程度：普通

红尾青鳉鱼
Oryzias mekongensis

红尾青鳉鱼体色透亮，体型迷你而富有魅力，本鱼特征在于尾鳍的上下边缘有橙色的线条。它栖息于泰国东部和老挝的湄公河流域。由于这种鱼体型实在太小，它的鱼食应特别留意，跟其他鱼种混养时，也必须特别小心。

分布：泰国东部、老挝
体长：2厘米
水温：24~27℃
水质：弱酸性~中性
水族箱：20厘米以上
饲料：人工饲料，活饲料
饲养难易程度：普通

西里伯斯青鳉鱼
Oryzias celebensis

西里伯斯青鳉鱼在健康状态良好的情况下能发出黄色的光泽，尾鳍的线条是其特征。人工养殖的西里伯斯青鳉每年以固定的数量进口到日本，是常见的外国产青鳉品种。本鱼饲养不难，可以与其他小型鱼种混养。

分布：苏拉威西岛
体长：5厘米
水温：24~27℃
水质：中性~弱碱性
水族箱：20厘米以上
饲料：人工饲料，活饲料
饲养难易程度：普通

蓝眼灯鱼
Poropanchax normani

蓝眼灯鱼是有水草的水族箱里广受欢迎的饲养鱼种。它的眼睛上部会发出蓝色的光泽，是体态优美的小型热带鱼。当蓝眼灯鱼成群游动时，显得尤为美丽。它性格温和，容易饲养，适合与其他鱼种混养，本鱼饲养得当的话，可以在水族箱繁殖。

分布：西非
体长：3厘米
水温：25~27℃
水质：中性~弱碱性
水族箱：20厘米以上
饲料：人工饲料，活饲料
饲养难易程度：容易

霓虹鳉鱼
Lacustricola pumilus

霓虹鳉鱼的体型非常可爱，眼睛虽然不够有光泽，但可爱的圆形尾巴是它的特征。其尾鳍为黄色，身体有一根蓝色线条。这种鱼栖息在非洲的坦噶尼喀湖，容易饲养。

分布：坦噶尼喀湖
体长：4厘米
水温：25~27℃
水质：中性~弱碱性
水族箱：20厘米以上
饲料：人工饲料，活饲料
饲养难易程度：容易

蓝彩鳉鱼
Fundulopanchax gardneri

蓝彩鳉鱼作为卵生鳉鱼的代表品种，自古就广为人知。由于饲养技术和工具的进步，饲养蓝彩鳉变得越来越容易，养殖鱼数量也在增加。目前最新的分类已将蓝彩鳉从旗鳉属划分到扁鳉属。

分布：尼日利亚，喀麦隆
体长：5厘米
水温：23~26℃
水质：弱酸性
水族箱：30厘米以上
饲料：人工饲料，活饲料
饲养难易程度：普通

拉氏假鳃鳉鱼（漂亮宝贝鳉鱼）
Nothobranchius rachovii

拉氏假鳃鳉鱼是自古以来就被人们所熟知的美丽鱼种，是假鳃鳉的代表鱼种之一，有"活着的宝石"的美誉。这种鱼以前不容易饲养，现在的人工培育品种已经适应了水族箱饲养，饲养变得相对容易。

分布：莫桑比克
体长：5厘米
水温：24~27℃
水质：中性~弱碱性
水族箱：20厘米以上
饲料：人工饲料，活饲料
饲养难易程度：普通

卵生鳉鱼和卵胎生鳉鱼

鳉鱼分为直接产卵的卵生鳉鱼，和雌鱼在腹中孵化受精卵，而后直接生产幼鱼的卵胎生鳉鱼。卵胎生的鳉鱼由于是直接生产幼鱼的，比卵生的鳉鱼生命力更顽强，更容易饲养。因此，自古以来卵胎生鳉鱼就在水产业被人们所熟悉，培育出了很多改良品种。

丽鱼科的热带鱼

丽鱼科的热带鱼分布在南美和非洲一带，体形大小各异。丽鱼科鱼繁殖时的独特现象是最有趣味的。它们有的能从身体上分泌出幼鱼需要的营养成分来喂养幼鱼，有的会把卵含在口中孵化，有的将卵产在石头上用心守护，非常有意思。因此丽鱼科的鱼建议雌雄成对进行喂养，以便观察到这些独特的现象。

神仙鱼（燕鱼）
Pterophyllum scalare

神仙鱼在数量众多的热带鱼中，是最有名的鱼种之一。长期以来，它"谋杀"了无数热带鱼爱好者的胶片，是热带鱼的代表品种。神仙鱼有很多改良品种，称为"亚种分化"。本鱼除了养殖之外，也有野生捕获后直接进口到日本的。这种鱼一旦熟悉了环境之后，不难饲养。

分布：亚马孙河
体长：12厘米
水温：25~27℃
水质：弱酸性~中性
水族箱：45厘米以上
饲料：人工饲料，活饲料
饲养难易程度：容易

铁饼鱼
Symphysodon aequifasciatus spp.

铁饼鱼除了当地捕获的野生个体，还有人工培育以及各种改良品种，经常出现在热带鱼爱好者的竞赛之中。本鱼现在已经成为价格便宜，可以轻松买到的热带鱼品种之一。市场已有开发出来专供铁饼鱼的鱼食，饲养本身并不难，但要养出漂亮的铁饼鱼还是需要一定的专门知识和技术，并不容易。铁饼鱼的身体体表能分泌出被称为"铁饼鱼奶"的分泌物，用于饲养幼鱼，这种鱼也因此而闻名。

分布：亚马孙河
体长：18厘米
水温：27~30℃
水质：弱酸性~中性
水族箱：60厘米以上
饲料：人工饲料，活饲料
饲养难易程度：容易

三线短鲷鱼
Apistogramma trifasciata

本鱼每年以固定的数量进口到日本，是"五大鲷鱼"的常见热带鱼品种之一。它通体透蓝，长长的背鳍舒展开来后体态优美，富有魅力。本鱼是日本从南美固定数量进口的热带鱼中广受欢迎的品种。

分布：巴拉圭水系
体长：6厘米
水温：25~27℃
水质：弱酸性~中性
水族箱：30厘米以上
饲料：人工饲料，活饲料
饲养难易程度：普通

酋长短鲷鱼
Apistogramma bitaeniata

酋长短鲷鱼是自古以来为人们所熟悉的常见鲷鱼品种之一，被称为最美丽的鲷鱼品种。它饲养、繁殖都比较容易，分布区域广阔，各地区的变种丰富，富有魅力，收藏价值高。

分布：亚马孙河
体长：8厘米
水温：25~27℃
水质：弱酸性~中性
水族箱：30厘米以上
饲料：人工饲料，活饲料
饲养难易程度：容易

荷兰凤凰鱼
Mikrogeophagus ramirezi

荷兰凤凰鱼是自古以来被人们熟悉的小型热带鱼。它样子可爱，颜值又高，易于饲养和繁殖，可谓是兼备了各个优点的广受欢迎的热带鱼种。荷兰凤凰鱼很少有野生的，大多数在东南亚和欧洲养殖而后大量进口到日本，本鱼也有培育出改良品种。

分布：哥伦比亚
体长：7厘米
水温：25~27℃
水质：弱酸性~中性
水族箱：30厘米以上
饲料：人工饲料，活饲料
饲养难易程度：容易

蓝钻石荷兰凤凰鱼
Mikrogeophagus ramirezi var.

此为荷兰凤凰鱼新培育出来的品种，鱼如其名，它浑身散发令人惊艳的蓝色。本品种刚培育出来的时候，卖价相当高，由于受到市场追捧，日本的进口量随之增加，现在价格也已回落。本鱼作为改良品种的荷兰凤凰，饲养以及繁殖的方法跟正式品种的方法基本一样。本鱼也有如气球般圆圆的小体型的品种可供选择。

体长：7厘米
水温：25~27℃
水质：弱酸性~中性
水族箱：30厘米以上
饲料：人工饲料，活饲料
饲养难易程度：容易

棋盘短鲷鱼
Dicrossus filamentosus

棋盘短鲷鱼是南美产的小体型丽鱼科热带鱼的代表品种。它尾鳍长，体态优美，是广受欢迎的南美产的小体型丽鱼科热带鱼品种之一。本鱼性格温和，适度性较强只要避免水质的剧烈变化，饲养并不难，但繁殖略有难度。它的名字来自身体上酷似棋盘的花纹。

分布：亚马孙河、内格罗河
体长：8厘米
水温：25~27℃
水质：弱酸性~中性
水族箱：30厘米以上
饲料：人工饲料，活饲料
饲养难易程度：普通

红肚凤凰鱼
Pelvicachromis pulcher

红肚凤凰鱼是产自非洲的常见小体型丽鱼科热带鱼。其腹部中央附近有一抹粉色的红晕，体态优美。本鱼目前在东南亚养殖，并每年以固定数量进口到日本，是自古以来就被人们熟悉的品种。这种鱼饲养、繁殖都不难。

分布：尼日利亚、喀麦隆
体长：10厘米
水温：25~27℃
水族箱：30厘米以上
饲料：人工饲料，活饲料
水质：弱酸性~中性

托氏变色慈鲷鱼
Anomalochromis Thomasi

本鱼适合饲养在有水草的水族箱中，是有名的非洲产短鲷鱼品种之一。它浑身散布着蓝色的斑点，非常漂亮。本鱼因能吃掉水族箱中蔓延的藻类而大受欢迎。

分布：塞拉利昂
体长：7厘米
水温：25~27℃
水族箱：30厘米以上
饲料：人工饲料，活饲料
水质：弱酸性~中性

橙色尖嘴丽鱼
Julidochromis ornatus

本鱼是尖嘴丽鱼属的代表品种，它自古以来就是坦噶尼喀湖产的丽鱼科热带鱼的常见鱼种之一。这种鱼饲养、繁殖都不难，在水族箱只要放入几组石头，不知不觉间就能看到它们的幼鱼在游动了。只是在繁殖的期间，本鱼的性格会变得有攻击性。

分布：坦噶尼喀湖
体长：8厘米
水温：25~27℃
水族箱：45厘米以上
饲料：人工饲料，活饲料
水质：中性~弱碱性

丽鱼科热带鱼的育儿方法

丽鱼科的热带鱼中，很多品种的育儿方法非常独特。如铁饼鱼能从体表分泌出被称为"铁饼鱼奶"的营养物质，让小鱼跟在身边喂养；口育鱼会把卵含在嘴里保护，一直到幼鱼孵出并长大；三线短鲷则把卵产在石头上，并一刻不离地拼死保护，直到孵化出幼鱼。因此，饲养丽鱼科热带鱼时，一定要雌雄成对，可看到它们繁殖的奇妙场景。

鲇科热带鱼

鲇科热带鱼的很多品种体态可爱，广受水族爱好者追捧。它们多数在水底活动，但也有个别品种擅长游泳。鲇科热带鱼种类繁多，有很高的收藏价值，富有魅力，你可以探索寻找一下自己喜爱的品种，说不定会有意外收获。

咖啡鼠鱼
Corydoras aeneus

又称红鼠鱼，常见于各水族店，为常见的鼠鱼类热带品种。本鱼在东南亚养殖的个体大量进口到日本，可以低价买到。当地捕获的野生个体也有少量直接到日本。这种鱼饲养、繁殖都很容易，入门者也可培育繁殖，由于本鱼分布广阔，各地的种类各异，有的种类被爱好者疯狂追捧。

分布：委内瑞拉、玻利维亚
体长：6厘米
水温：25~27℃
水质：中性
水族箱：20厘米以上
饲料：人工饲料，活饲料
饲养难易度：容易

三线豹鼠鱼
Corydoras trilineatus

是鼠鱼类热带鱼的常见品种之一，有很多的近似品种，经常跟花鼠鱼、青铜鼠鱼等搞混，大多数以花鼠鱼的名字在店里销售。目前这种鱼有很多养殖个体进口到日本，是常见的鼠鱼品种，饲养容易。

分布：厄瓜多尔、秘鲁
体长：5厘米
水温：24~27℃
水质：中性
水族箱：20厘米以上
饲料：人工饲料 活饲料
饲养难易度：容易

熊猫鼠鱼
Corydoras panda

在数量众多的鼠鱼品类中，本鱼是最受欢迎的品种，几乎受到所有人的追捧。最近在市场流通的熊猫鼠鱼基本都是人工培育的品种，可以低价购入。直接从产地捕获的野生熊猫鼠鱼，进口到日本后大多数状态不稳，熟悉环境需要花费很多时间。

分布：秘鲁
体长：5厘米
水温：24~27℃
水质：弱酸性~中性
水族箱：20厘米以上
饲料：人工饲料，活饲料
饲养难易度：普通

红头鼠鱼
Corydoras adolfoi

这个品种的流行曾经掀起了饲养鼠鱼类热带鱼的热潮。它的肩部为亮丽的橙色，其美丽的体型颇受欢迎。最近市场上的红头鼠鱼基本上是以人工培育的品种为主，偶尔会有进口的野生个体。

分布：内格罗河
体长：5厘米
水温：24~27℃
水质：弱酸性~中性
水族箱：20厘米以上
饲料：人工饲料，活饲料
饲养难易度：普通

黑影鼠鱼
Corydoras arcatus

是具有高收藏价值的鼠鱼品种，因有道拱形的黑影而得名，是自古以来就被人们熟悉的鼠鱼品种之一。黑影鼠鱼每年以固定数量进口到日本，根据捕获地的不同，有各种不同的品类。这种鱼是鼠鱼类热带鱼的入门品种之一，容易饲养。

分布：秘鲁
体长：5厘米
水温：24~27℃
水质：弱酸性~中性
水族箱：20厘米以上
饲料：人工饲料，活饲料
饲养难易度：容易

紫罗兰鼠鱼
Corydoras similis

本鱼又称为似兵鲇，跟花鼠鱼一样有彩色的花纹，区别在于尾部的圆点较大，颜色为紫色。这种鱼饲养并不困难，但要保持艳丽的体色亦不容易。本鱼现在以人工培育的品种为主。

分布：巴西
体长：5厘米
水温：24~27℃
水质：弱酸性~中性
水族箱：20厘米以上
饲料：人工饲料，活饲料
饲养难易度：普通

珍珠鼠鱼
Corydoras sterbai

珍珠鼠鱼的胸鳍为橙色，这一抹橙色使胸鳍周边都显得特别美丽。本鱼由于易于饲养而大受人们欢迎。珍珠鼠鱼虽然有少数野生捕获进口到日本，但最近基本上以人工养殖的为主。这种鱼最近有白化变种的新品种成功培育。

分布：巴西
体长：6厘米
水温：24~27℃
水质：弱酸性~中性
水族箱：20厘米以上
饲料：人工饲料，活饲料
饲养难易度：容易

鲇科热带鱼的体型

鲇科热带鱼，如鼠鱼，广受水族爱好者的喜欢，但它们也并不是全都生活在水底的。既有喜欢到处游动的鱼，也有如拟琵琶鱼一样，喜欢吸附在岩石或者沉木上一动不动的鱼。总体来说，它们适应了当地环境，而产生各种体型和特征。看到它们的体型，我们就可以大概想象出它们运动起来的样子。以后在水族店若是看到了鲇科热带鱼，可以仔细观察一下。

大帆琵琶鲇鱼
Glyptoperichthys gibbceps

本鱼是用来清理水族箱青苔的常见鱼种，目前在东南亚一带大量养殖并以固定数量进口到日本，可以低价购入。本鱼容易饲养，但这种鱼成长很快，而且长大后体型很大，需要特别注意。

分布：内格罗河
体长：50厘米
水温：25~27℃
水质：中性
水族箱：60厘米以上
饲料：人工饲料
饲养难易度：容易

金线黑斑马鱼
Panaqolus sp.

本鱼是可以在水族箱中和其他热带鱼混养的小体型下钩甲鲇属热带鱼，本鱼因其小巧的体型而自古被人们所熟悉。这种鱼领土意识很强，无论是不是同种鱼，都会进行竞争攻击，但因为其体型小巧，看起来就相对温和一些。这种鱼饲养不难。

分布：哥伦比亚、委内瑞拉
体长：12厘米
水温：25~27℃
水质：中性
水族箱：30厘米以上
饲料：人工饲料
饲养难易度：普通

国王迷宫鱼
Hypancistrus sp.

它和斑马下钩鲇并称为小体型琵琶鱼的绝美双璧，其黑白的网状花纹，根据捕获地的不同而各有特色。这种鱼每条的花纹都各不相同，寻找漂亮花纹的个体是件饶有趣味的事情，购买时如果仔细挑选，说不定会有意外漂亮的个体收获。这种鱼生命力比较顽强，饲养容易，喜好植物性的鱼食，可以用琵琶鱼的人工饲料进行饲养。

分布：亚马孙河
体长：12厘米
水温：25~27℃
水质：中性
水族箱：30厘米以上
饲料：人工饲料
饲养难易度：普通

斑马下钩鲇鱼
Hypancistrus zebura

是现有的热带鱼中比较美丽的品种之一，在很多方面都首屈一指。最近由于日本的进口数量剧减，很难买到，但同时，在日本和德国已有培育品种出现。本鱼如果饲养的好，繁殖也不是不可能。

分布：欣古河
体长：8厘米
水温：25~27℃
水质：中性
水族箱：30厘米以上
饲料：人工饲料
饲养难易度：普通

白点下钩鲇鱼
Ancistrus sp.

是一种有美丽圆点花纹的小体型钩鲇属热带鱼，可以在小型水族箱或者在有水草的水族箱饲养，广受欢迎。本鱼是从欧洲进口的鲇属热带鱼的幼鱼，虽然只有5厘米大，但成年后体型还会长大。这种鱼由于幼鱼体型小，可以放在小型的水草水族箱里，用于祛除青苔和藻类，对水草的影响小。

分布：不明
体长：8厘米
水温：25~27℃
水质：中性
水族箱：20厘米以上
饲料：人工饲料
饲养难易度：容易

小精灵鱼
Otocinclus vittatus

本鱼因为喜吃青苔，常被养在水族箱里用于清除青苔，是广受人们欢迎的品种。这种鱼饲养本身并不困难，但进口时的健康状态需要特别留意。小精灵鱼经常以筛耳鲇的名字销售，是最常见的筛耳鲇品种。

分布：亚马孙河
体长：5厘米
水温：24~27℃
水质：弱酸性~中性
水族箱：20厘米以上
饲料：人工饲料
饲养难易度：普通

玻璃猫鱼
Kryptopterus bicirrhis

这种常见的小体型的鲇科热带鱼全身透明，且由于这个不可思议的特征而自古闻名。本鱼作为鲇科的鱼种，它少见地在白天活动，喜欢成群地在中间水层游动。这种鱼饲养容易，性格温和，可以投食人工饲料。

分布：泰国
体长：8厘米
水温：25~28℃
水质：中性
水族箱：20厘米以上
饲料：人工饲料、活饲料
饲养难易度：普通

倒游鲇鱼
Synodontis nigriventris

这种鱼因腹部朝天的泳姿而闻名遐迩。成群饲养时，可以看到它们排成一排游泳的有趣情景。本鱼是歧须鮠属热带鱼的最常见品种，但跟很多不合群的歧须鮠属热带鱼不同，它相对性格温和，可以和同种甚至是不同种的热带鱼混养。

分布：刚果河
体长：8厘米
水温：25~27℃
水质：弱酸性~中性
水族箱：30厘米以上
饲料：人工饲料、活饲料
饲养难易度：普通

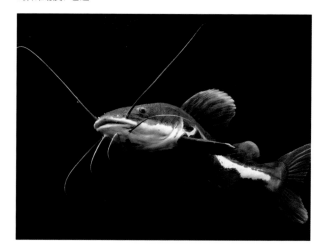

红尾护头鲿鱼（红尾鸭嘴鱼）
Phractocephalus hemioliopterus

本鱼因美丽的体型而在大体型鲇科热带鱼中享有较高的知名度。长大后，它背鳍和尾鳍能发出红色的光泽，看上去非常威武美丽。但这种鱼不能与其他鱼混养，否则会攻击并吃掉在一起的鱼，而且能吃掉大体型的鱼，饲养时需要特别留意。红尾护头鲿鱼可以长到1m以上，建议尽可能单独饲养。

分布：亚马孙河
体长：100厘米以上
水温：25~27℃
水质：中性
水族箱：150厘米以上
饲料：人工饲料、活饲料
饲养难易度：普通

攀鲈科热带鱼

攀鲈科热带鱼分布在东南亚一带，它有一个不同于鳃的，称为"迷路器"的辅助呼吸器官，可以在缺氧的环境下生存。因此，这类鱼的很多品种都容易饲养。其中丝足鱼、斗鱼等鱼种都非常美丽，在日本自古以来攀鲈科热带鱼就作为水族箱的重要角色而为大家所熟悉。

拉利毛足鲈鱼
Trichogaster lalius

本鱼是常见丝足鱼类品种之一，自古以来因其艳丽的颜色和可爱的体态而受到爱好者的青睐。本鱼每年有固定数量的养殖个体进口到日本，因此常见于店面中，可低价购入。本鱼容易饲养且性格温和，适合养在有水草的水族箱里，可以和小体型的鱼混养。其繁殖出的幼鱼体型很小，只要解决好幼鱼的饲料问题，饲养也相对容易。

分布：印度、孟加拉国
体长：5厘米
水温：25~28℃
水质：弱酸性~中性
水族箱：20厘米以上
饲料：人工饲料、活饲料
饲养难易度：容易

蓝丽丽鱼
Trichogaster lalius var.

这种鱼由于奇特的体型，易引起身体异常，选购时需要特别注意。蓝丽丽鱼是拉利毛足鲈的改良品种，强化了蓝色，而原有的橙色的线条已经几乎消失，全身包括鱼鳍都被蓝色包围，令人印象深刻。本鱼的饲养和原来的品种一样容易，但刚进口的鱼经常会有状态不佳的情况，只要熟悉了环境，过了过渡期就容易饲养了。

体长：5厘米
水温：25~28℃
水质：弱酸性~中性
水族箱：20厘米以上
饲料：人工饲料、活饲料
饲养难易度：容易

蓝线鳍鱼
Trichogaster trichopterus

本鱼又称蓝曼龙，是自古以来被人们所熟知的常见丝足鱼。现在在这一品种的基础上，又培育出了很多新品种。它名字的来由就是因为身上的花纹形状，但养殖个体的花纹颜色逐渐淡化。这种鱼容易饲养。

分布：东南亚
体长：10厘米
水温：25~29℃
水质：弱酸性~中性
水族箱：30厘米以上
饲料：人工饲料、活饲料
饲养难易度：容易

金曼龙鱼
Trichopodus trichopterus var.

本鱼容易饲养，可作为入门者的推荐鱼种，是蓝线鳍鱼的改良品种之一，体色固定为黄色。这个改良品种在东南亚被大量养殖并进口到日本，因此可以低价购入。金曼龙鱼不挑食，容易饲养。

体长：10厘米
水温：25~29℃
水质：弱酸性~中性
水族箱：30厘米以上
饲料：人工饲料、活饲料
饲养难易度：容易

珍珠毛足鲈鱼
Trichopodus leerii

这种鱼富有魅力，可以作为水族箱饲养的主力鱼种。其全身上下覆盖着点状的花纹，是攀鲈科热带鱼的代表性美丽鱼种，自古以来就备受人们喜爱。本鱼长大后，尾鳍长，体态优美。建议饲养在60厘米以上的水族箱里。

分布：马来半岛、苏门答腊岛、婆罗洲
体长：12厘米
水温：25~29℃
水质：弱酸性~中性
水族箱：45厘米以上
饲料：人工饲料、活饲料
饲养难易度：容易

吻鲈鱼（接吻鱼）

Helostoma temminkii var.

这种鱼因为喜爱"接吻"而自古闻名。它们经常把嘴巴凑在一起，因貌似接吻的有趣行为而受到人们的喜爱，但其实这是一种威吓的行为。本鱼长大后性格略为粗暴，混养需要特别留意，建议在45厘米以上的水族箱中饲养，饲养较容易。

体长：20厘米
水温：25~29℃
水质：弱酸性~中性
水族箱：36厘米以上
饲料：人工饲料、活饲料
饲养难易度：容易

锯盖足鲈鱼

Sphaerichthys osphromenoides

本鱼是受小众的爱好者青睐的热带鱼种，每年固定数量进口到日本，如果进口时的状态不佳，就不容易饲养。锯盖足鲈鱼需要保持弱酸性的软水环境，并单独鱼种饲养。本鱼根据原产地的不同，色彩会有差异。

分布：马来半岛南部、苏门答腊岛
体长：5厘米
水温：25~28℃
水质：弱酸性
水族箱：30厘米以上
饲料：活饲料
饲养难易度：难

瓦氏锯盖足鲈鱼

Sphaerehthys Vaillanti

这种鱼的雄鱼特别漂亮，以前由于很少进口，本鱼属于极少见的"梦幻般的鱼"，最近有少量的数量定期进口到日本。在锯盖足鲈中，本鱼算是比较容易饲养的品种，繁殖也不是不可能。在健康状况良好的情况下，它非常美丽。

分布：婆罗洲岛
体长：6厘米
水温：25~28℃
水质：弱酸性
水族箱：30厘米以上
饲料：活饲料
饲养难易度：稍难

传统斗鱼
Betta splendens var.

是指最为普通的斗鱼，这种鱼以豪华的体态和鲜艳的颜色使人们感受其魅力。本鱼可以经常在热带鱼店看到，一般会装在瓶子或者杯子里出售。它是泰国斗鱼改良后的长鳍品种，自古以来为人们所熟悉。它有很强烈的斗争意识，将雄鱼放在一起的话，会展开激烈的战斗，直至一方被杀死，因此这种鱼不能放在一起饲养，热带鱼店用瓶子一条条分开管理，也是因为这个原因。除了混养，这种鱼倒是容易饲养，只要勤于换水，可以放在小容器里饲养，但不建议放在瓶子或者杯子里饲养。

体长：7厘米
水温：23~28℃
水质：弱酸性~中性
水族箱：20厘米以上
饲料：人工饲料、活饲料
饲养难易度：容易

全红型

是代表性的单色系品种，全身上下通红，谁见了都会喜欢。每条个体的鱼看上去都差不多，但其实略有差异，寻找它们之间的差异是饶有趣味的事。

双尾型

这个品种的尾鳍分为2岔，有多条背鳍，看上去有种豪华的感觉。

皇冠尾鳍型

这个品种的鱼身上有蓝绿两种颜色且色彩均匀，尾鳍长得像皇冠。本鱼饲养时需要注意日常的水质管理，以保持皇冠形状的美丽。

展示斗鱼
Betta splendens var.

是斗鱼改良品种中的顶峰之作，拥有最美丽的鱼鳍，但同时饲养时要维持这美丽的鱼鳍也绝非易事。展示斗鱼是在普通传统斗鱼的基础上，改良了鱼鳍、体型和色彩，并经过一系列的培育，才成就了这一顶峰之作。鱼鳍是这种鱼的特征，其有多条尾鳍，并能大幅度的舒展，现在广受欢迎的是一种叫"半月形"品种，尾鳍能呈半月形状展开。展示斗鱼的价格根据品种等级的不同而差异。图片展示的是"全红型"展示斗鱼。

体长：7厘米
水温：24~28℃
水质：弱酸性~中性
水族箱：20厘米以上
饲料：人工饲料、活饲料
饲养难易度：稍难

短尾斗鱼
Betta splendens var.

短尾斗鱼兼备了美丽和野性，广受野生斗鱼爱好者的喜爱。这个品种原本是作为斗鱼在泰国培育出来，后来因其色彩艳丽而逐渐作为观赏鱼品种。观赏用的短尾斗鱼在泰国是常见品种，最近进口到日本的数量也有增加，能看到各种不同的品种。和长鳍斗鱼一样，短尾斗鱼有各种各样的颜色。因为它原本就是好战的斗鱼，单独饲养是不变的原则，可以放在小容器饲养，但饲养的诀窍在于高频率地换水，因此需要事先准备好用于换水的养过的水，饲养本身并不困难。

体长：7厘米　　　　水温：24~28℃　　　　水质：弱酸性~中性
水族箱：20厘米以上　饲料：人工饲料、活饲料　饲养难易度：容易

黄色短尾斗鱼

黄色短尾斗鱼有着优美的身姿，鱼鳞间有黑色的光泽，身体颜色张弛有度。

象形短尾斗鱼

2011年出现的新品种之一，由泰国培肯出来，因其胸鳍酷似人象竖起的耳朵而得名。

新月搏鱼
Betta imbellis

是常见的野生斗鱼品种。斗鱼的种类中，除了改良品种外，都统称为野生斗鱼，新月搏鱼是野生斗鱼中自古进口到日本的品种之一。本鱼根据原生地的区域不同，可见不同的变异，已知有多种变种。建议用弱酸性的软水饲养这种鱼，可看到它艳丽的身体颜色。

分布：泰国、马来西亚
体长：5厘米
水温：25~28℃
水质：弱酸性
水族箱：20厘米以上
饲料：人工饲料、活饲料
饲养难易度：普通

史马格汀娜斗鱼
Betta smaragdina

是泰国野生斗鱼的代表品种。此鱼在健康状态良好的情况下，浑身发出蓝绿色的光泽，非常漂亮。根据原生捕获地的不同，这种鱼会有差异，因此在进口时经常加上捕获地的地名来命名。本鱼在斗鱼中属于性情温和的品类，建议雌雄成对饲养。

分布：泰国、老挝
体长：6厘米
水温：25~28℃
水质：弱酸性
水族箱：20厘米以上
饲料：人工饲料、活饲料
饲养难易度：普通

蓝月斗鱼
Betta simplex

这是小体型的口育斗鱼，生活在泰国南部甲米府的干净河流。此鱼栖息地水源虽然是弱碱性的，但中性前后的水质都可以饲养。这种鱼日本的进口的数量很大，能经常看到。

分布：泰国
体长：6厘米
水温：23~28℃
水质：中性~弱碱性
水族箱：20厘米以上
饲料：人工饲料、活饲料
饲养难易度：普通

其他热带鱼

除了脂鲤科和丽鱼科之外，还有很多其他漂亮的热带鱼。在这里跟大家介绍一下彩虹鱼、淡水河豚鱼以及生活在咸淡水交汇处的热带鱼。

薄唇虹银汉鱼（电光美人鱼）
Melanotaenia praecox

作为属于黑带银汉鱼科的彩虹鱼，本鱼是体型最小，也最受人们喜爱的种类。由于它不吃水草，体型也不会长得太大，可以说是最适合水族箱造型的鱼种，也因此广受人们欢迎。本品种鱼有的会在长大的同时，身体渐渐变宽，最后近乎圆形，看上去很有威仪。本鱼以前价格很高，但随着养殖数量的增多，现在可以轻松买到。这种鱼生命力顽强，容易饲养。

分布：巴布亚新几内亚
体长：6厘米
水温：25~27℃
水质：中性
水族箱：30厘米以上
饲料：人工饲料、活饲料
饲养难易度：容易

阿尔虹银汉鱼
Melanotaenia arfakensis

这种鱼饲养好的话，能展现让人惊异的美丽。本鱼和其他同属的鱼相比，一眼看上去并不起眼，不如其他鱼艳丽，甚至显得有点土气，但随着饲养状况的提升，它的体表能发出令人目眩的色彩，非常漂亮。

分布：澳大利亚西北部
体长：10厘米
水温：25~27℃
水质：中性
水族箱：30厘米以上
饲料：人工饲料、活饲料
饲养难易度：容易

贝氏虹银汉鱼
Melanotaenia boesemani

是黑带银汉鱼科的代表品种，也是彩虹鱼的代表品种之一。本鱼成年后能长到10厘米左右，放在大型有水草的水族箱中让它们成群游动的话，看上去非常壮观。它们不吃水草，性格温和，可以与其他鱼种混养。

分布：巴布亚新几内亚
体长：10厘米
水温：25~27℃
水质：中性
水族箱：45厘米以上
饲料：人工饲料、活饲料
饲养难易度：容易

霓虹燕子鱼
Pseudomugil furcatus

霓虹燕子鱼浑身散发着美丽的黄色光泽。霓虹燕子鱼在鲻银汉鱼属的彩虹鱼中是进口量最大的常见品种，可以轻松买到，饲养也不难。

分布：巴布亚新几内亚
体长：5厘米
水温：25~27℃
水质：中性
水族箱：20厘米以上
饲料：人工饲料、活饲料
饲养难易度：容易

珍珠燕子鱼
Pseudomugil gertrudae

珍珠燕子鱼将鱼鳍舒展开来的样子令人赏心悦目，是小体型彩虹鱼的代表品种。因捕获原生地的不同，珍珠燕子鱼有各种不同的差异。根据它的身体和胸鳍颜色的不同，可分为黄色型和白色型，但判断的元素也不确定。珍珠燕子鱼看起来似乎很弱小，但其实生命力顽强，容易饲养，可以放在栽有大量水草的水族箱里饲养。

分布：巴布亚新几内亚
体长：3厘米
水温：25~27℃
水质：中性
水族箱：20厘米以上
饲料：人工饲料、活饲料
饲养难易度：普通

橘色霓虹珍珠燕子鱼
Pseudomugil sp.

本鱼的红色体色富有魅力，是珍珠燕子鱼的近亲。它浑身散发红色的光泽，给人的感觉就如红色的珍珠燕子鱼一般。饲养它也跟珍珠燕子鱼一样并不困难，但水质最好用弱酸性的软水。这种鱼若是用稍微染色的水来饲养，红色光泽看上去会更明显。

分布：巴布亚新几内亚
体长：3厘米
水温：25~27℃
水质：中性
水族箱：20厘米以上
饲料：人工饲料、活饲料
饲养难易度：普通

伊岛银汉鱼（燕子美人灯鱼）
Iriatherina werneri

这种鱼的体型非常漂亮，是常见的小体型彩虹鱼。本鱼在东南亚一带被大量养殖，并进口到日本。这种鱼饲养虽然不难，但因嘴巴很小，饲料需要特别留意。还有就是它的特点是独特的修长的鱼鳍，饲养时要注意不要损坏它的鱼鳍。

分布：巴布亚新几内亚
体长：5厘米
水温：25~27℃
水质：中性
水族箱：20厘米以上
饲料：人工饲料、活饲料
饲养难易度：普通

拉迪氏沼银汉鱼（七彩霓虹燕子鱼）
Telmatherina ladigesi

是自古闻名的美丽鱼种，这种鱼全身透明，身上有蓝色的线条，修长的鱼鳍为黄色，非常美丽。本鱼原产地为苏拉威西，可用中性前后的水来饲养，不挑鱼食，容易饲养。

分布：苏拉威西
体长：5厘米
水温：25~27℃
水质：中性
水族箱：20厘米以上
饲料：人工饲料、活饲料
饲养难易度：普通

长丝裸玻璃鱼
Gymnochanda filamentosa

这种鱼栖息在印度尼西亚，浑身透明，有着美丽的鱼鳍。它的鱼鳍异常修长，令人惊异，加上透明的身体看上去令人赏心悦目。这种鱼自进口到日本的时候就是这个样子，修长的鱼鳍也成为它受人青睐的理由。跟其他的玻璃鱼一样，本鱼饲养并不难，但为防止鱼鳍被其他鱼咬掉，应避免和其他鱼混养。

分布：印度尼西亚
体长：4厘米
水温：25~27℃
水质：弱酸性~中性
水族箱：20厘米以上
饲料：人工饲料、活饲料
饲养难易度：普通

皮颈鱵鱼（银水针鱼）
Dermogenys pusillus var.

是在东南亚的小河小池经常可以看到的卵胎生小体型针鱼品种之一，自古以来作为观赏鱼而被人们熟知。皮颈鱵鱼经常在靠近水面的地方游动。这种鱼会定期进口到日本，可以轻松买到和饲养。本品种是鱵科中金色品种，跟普通颜色的品种相比，本品种的进口量更大，也更为常见。

分布：泰国、马来西亚
体长：5厘米
水温：25~27℃
水质：中性
水族箱：20厘米以上
饲料：人工饲料、活饲料
饲养难易度：普通

七彩塘鳢鱼
Tateurndina ocellicauda

七彩塘鳢鱼是小体型的攀鲈科热带鱼品种之一，色彩华丽，身姿优美。在攀鲈科热带鱼中，它美丽的体色首屈一指。本鱼以前价格很高，但随着人工培育品种的增多，现在可以低价买到。它生命力顽强，不挑鱼食，容易饲养，可以在水族箱中繁殖。雌鱼没有雄鱼一般色彩艳丽，因此容易分辨性别。

分布：泰国、马来半岛、印度
体长：8厘米
水温：25~27℃
水质：中性
水族箱：30厘米以上
饲料：人工饲料、活饲料
饲养难易度：普通

迷你河豚鱼（巧克力娃娃鱼）

Carinotetraodon travancorius

迷你河豚鱼是世界最小的河豚，可以在水族箱中繁殖。它由于超小的体型和可爱的泳姿而受到人们追捧。本鱼可以淡水养殖，适合养在有水草的水族箱中。这种鱼性格相对温和，因为是群居类鱼，可以多条混养，可在水族箱中观赏繁殖过程。

分布：印度
体长：4厘米
水温：25~27℃
水质：弱酸性~中性
水族箱：20厘米以上
饲料：人工饲料、活饲料
饲养难易度：普通

双斑鲀鱼（八字娃娃鱼）

Tetraodon steindachneri

本鱼因背上的花纹酷似"8"字而得名，自古以来是常见的代表性的河豚品种。饲养本鱼时建议稍微在水中加些盐分。它们有咬其他鱼鱼鳍的癖好，不适合混养。

分布：泰国、印度尼西亚
体长：10厘米
水温：25~27℃
水质：弱碱性
水族箱：36厘米以上
饲料：人工饲料、活饲料
饲养难易度：普通

古代鱼的伙伴们

本书以适合入门者饲养的鱼为中心，为大家介绍了一些常见的热带鱼，并没有触及在水族界广受欢迎的古代鱼品类。古代鱼是指如活着的化石一般，将古代的身体构造形态一直保持到现代的鱼种。古代鱼以大体型的肉食性鱼种为主，包括骨舌鱼、恐龙鱼等品种。

Chapter 4

热带鱼的疾病和健康管理

热带鱼也是生物，自然也会有生病难受的时候。本章节将和大家
谈谈关于热带鱼健康管理的问题。

热带鱼的相关疾病

早期发现疾病很重要

鱼也会生病。当然，如果管理得当，不生病是最理想的。但万一生病的话，早期发现就非常重要了，特别是要把新买来的鱼放入水族箱时，尤其需要当心。除了从精心照顾鱼的店买来的鱼可以绝对放心之外，应避免把新买的鱼直接放入水族箱。如果地方足够大，可以在水族箱边上放一个"预备水族

箱"，用于安置和观察新买的鱼，这是最安全的办法。将新买的鱼在"预备水族箱"中放置一段时间，观察到它的状况足够健康后，再移入主水族箱。但是一般来说准备多个水族箱总是比较困难的，因此重要的是选择鱼店，最好到那些精心饲养热带鱼的店里去买鱼。

鱼患病后的表现	
☐	游动的姿势跟往常不一样
☐	不太吃鱼食
☐	体色变差（如没有光泽等）
☐	身体会磕碰摩擦到沉木等物品
☐	呼吸急促
☐	眼睛黯淡无光
☐	身体发红
☐	鱼鳍缩在一起
☐	身体上有黏附物
☐	鱼鳍腐烂、变白或变浑浊

观察水族箱中的热带鱼，如果发现鱼有上表的症状，那就是一个危险的信号。因为鱼的疾病也会传染，所以一旦发现这样的鱼，要尽快将其隔离，然后

在混养热带鱼的水族箱里，一旦发现生病的鱼，为防止感染其他鱼，马上采取隔离措施是不变的法则

在疾病蔓延的时候，可以向水族箱里直接放入盐。虽然这会给水族箱的水草造成影响，但也没有办法了

根据病情进行治疗。治疗时可以将病鱼放在塑料盒里进行，但由于塑料盒里的水较少，注意水质恶化的问题。

发现病鱼后，就要采取预防措施

隔离了生病的鱼，并不是万事大吉了，这时必须要尽快改善水族箱的环境。鱼生病大多数是因为水族箱内的环境恶化，如果不进行改善，其他的鱼也会马上感染疾病的，而且这个时候很有可能病菌在水族箱里迅速地繁殖，即使有的鱼暂时没有症状，也已经处于危险状态了。请检查一下右表，看水族箱是否符合容易患病的环境条件，如有的话请尽快改善。

大多数情况下，只要清洁滤网、改善水质就没问题了，但如果发病的鱼很多，就一定要采取疾病的预防措施了。这时可以用规定量一半的盐或者药品进行预防。

鱼容易患病的环境

☐	新购入的鱼直接放入水族箱的时候
☐	很久没有换水的时候
☐	很久没有清洁滤网的时候
☐	水温剧烈变化的时候
☐	换水引起水质剧烈变化的时候
☐	过度喂食，残留鱼食较多的时候
☐	鱼身上有黏附物的时候
☐	鱼鳍腐烂、变白变浑浊

鱼的疾病和处理方法

这里主要跟大家介绍一下热带鱼主要的疾病症状以及处理方法。治疗鱼的疾病，基本上就是温度管理、投放盐和鱼药。而且有一个前提就是要把生病的鱼跟其他鱼隔离开来，事先要准备好隔离用的塑料盒或者水族箱。

◆白点病

这种病常见于水温、水质急剧变化的时候，尤其是水温过低的时候。因此春末夏初撤掉加热设备的时候最容易生这个病。此病症状是鱼身上出现小小的白点，病情恶化的时候，鱼身全身都被白点覆盖，也因此被称为白点病。本病病原体不耐高温，处理时可以将水温上升到30℃左右。这时要注意不要让水质和水温的剧烈变化，投入鱼药或者盐进行治疗。

◆烂尾病（烂鳍病）

这种病常见于低水温，从移动引起的鱼体表的擦伤或者被其他鱼咬伤的伤口处开始发病。如果放任不管，鱼鳍和鱼唇会发白，症状恶化的话，鱼鳍乃至鱼尾会全部腐烂。此病发病初期就进行治疗是最重要的，症状到这个地步就无法挽回了，因此发病初期就要用盐或者硝基呋喃类的药品进行药浴治疗。

◆水霉病（肤霉病）

这种病的病原体会寄生到鱼的伤口上，然后形成棉絮状组织覆盖在伤口上。如果发现有鱼被其他鱼咬伤或者出现擦伤时，可以投入些药品以作预防。在发病的初期，可以用盐进行药浴。

◆立鳞病

此病发病时鱼的鳞片向外张开似松果，甚至发生身体穿孔。本病是由细菌感染引起的棘手的疾病，一旦感染这个病就很难康复了。据称恶喹酸对此病有特效，但即使应用这个药品也很难完全治愈。这个病的原因在于水族箱的环境恶化和饲养的失误，只有事前预防，才能不让热带鱼患上这个病。无论哪种病，事先预防才是最重要的，一旦发现生病的鱼，必须马上隔离。

◆卵旋虫症

这种病是由鞭毛虫类引起的，又被称为"胡椒病"。跟白点病相比，此病发病时鱼身上出现的点更小，还带有黄色。此病可以用盐来治疗，但偶尔也会出现很难治愈的情况，这时需要改善水质，每天频繁进行换水。作为预防措施，饲养中要特别留意对热带鱼的移动，水温和水质的变化。

◆锚头鱼蚤以及鱼虱

这是由其他鱼带来的寄生虫，肉眼可见，一旦发现，可以用镊子去除。如果严重的话，可以用市场上销售的驱虫药品祛除。但驱虫药品一般都药效强劲，用量控制在规定量以下为佳，过量使用有可能会杀死水族箱里饲养的鱼。

盐和温度管理

我们饲养热带鱼或者金鱼等淡水鱼，经常会听到用盐，或者通过盐水浴来治疗生病的鱼。

盐水浴是自古以来经常使用的方法，古人将平常生活在淡水中的鱼放在盐水里一段时间，以祛除其身上的寄生虫或者微生物。但要指出的是，进行盐水浴时，因为跟平时的水质和盐分浓度不同，同样也会给鱼造成很大的负担。这个方法的原理是，鱼可以调节身体的机能来抵抗短时间盐水的渗透压力，而寄生虫和微生物是没有调节机能的，只有不耐盐水而死。

用于盐水浴的盐水浓度以0.5%为佳，也就是说，10升的水兑50克盐。盐水浴就是将生病的鱼放入这种盐水中1星期，以治疗疾病。盐水浴对治疗鱼的疾病有效，但对水草是大大不利的。因此将病鱼转移到其他的水族箱进行盐水浴比较安全。

另外，温度管理跟盐水浴一样是治疗疾病的有效方法。一般来说，引起鱼

用食盐调整为0.5%的盐水，将病鱼进行1周左右的盐水浴。水温设定成稍高的28℃

疾病的细菌和寄生虫大多数在25℃以下的条件下才会活跃地繁殖，我们如果把水温调高一些，就能抑制这些细菌和寄生虫的繁殖。当然，过高的温度也同样会对鱼造成负担，需要一边仔细观察鱼的情况，一边将温度调节到27~28℃来进行治疗。作为疾病预防的手段，如果有刚放入水族箱的鱼，或者出现身体不适的鱼时，可以将水温设置稍高一点。

Chapter 5

更进一步的热带鱼饲养

饲养热带鱼，让它们保持状态良好已经很不容易了。但是，你真的不想再进一步，看看水族世界更奥妙的地方吗？

挑战热带鱼的繁殖

对于热带鱼饲养者来说，让热带鱼在自己的水族箱中繁殖，是很多人的目标。因为在水族箱里繁殖成功的话，就意味着水族箱的环境对热带鱼来说已经跟大自然一样，可以繁殖后代了。当然，根据热带鱼种类的不同，有的很容易繁殖，有的则难度很高。

举例来说，花鳉科的孔雀鱼和新月鱼，即使我们不特意做什么，只要做好

新月鱼的幼鱼。卵胎生的花鳉科鱼类，因为直接生产幼鱼，容易成功繁殖

日常的管理，留意水质，不经意间会看到有幼鱼生产出来。即便如此，看到幼

同样卵胎生花鳉科的品种—孔雀鱼。将各种孔雀鱼杂交，可以培育出新的品种

史马格汀娜斗鱼的鱼卵巢。斗鱼类品种有的要做鱼卵巢来孵化小鱼。只要创造好必要的条件，就有可能在水族箱里做鱼卵巢

鱼在水族箱里游动的时候，还是会非常欣慰的。

而铁饼鱼、神仙鱼以及三线短鲷等丽鱼科热带鱼的繁殖难度就大多了。不仅要挑选雌雄成对的鱼，水质、水族箱内外的环境，比如产卵的场所、鱼个体的成熟度、甚至是水族箱的安装位置等都会影响到繁殖。而且，即使生产了鱼卵，只要水质有变化，就会对鱼卵和幼鱼造成不利影响，甚至有卵被母鱼吃掉的情况。

如果繁殖成功，就能看到热带鱼很多平时难得一见的情景，比如铁饼鱼让幼鱼附在身上，全心全意抚养小鱼的样子。

热带鱼繁殖成功的条件，根据鱼种和个体的不同各有差异。可以参阅各种热带鱼相关的书籍，或者咨询有实际成功经验的人。慢慢摸索，创造出热带鱼繁殖的条件，这才是通往成功繁殖的捷径。热带鱼中还有很多品种至今没有在水族箱成功繁殖，甚至它们的繁殖形态本身也是还未明了的。

成功繁殖的窍门

如上所述，热带鱼繁殖的条件根据

以鲷鱼为代表的丽鱼科热带鱼的繁殖和育儿的生态非常奇妙

鱼种各不相同而不同。但这也不是说只要把这些条件备齐了，就一定可以繁殖。不过可以总结出繁殖有几个条件是必备的：首先，种鱼必须仔细挑选，雌雄找齐一对。有的小体型鱼雌雄很难分辨，那就多买一些养在一起，自然而然地会凑成对。但中体型以上的鱼种，有时雄鱼之间有可能会展开激烈的竞争，不适合多条放在一起混养。这个时候就要挑选健康状况良好的，已充分成熟的雌雄个体来凑成对。

最近很多饲养者在混养的水族箱里繁殖鼠鱼

其次，要确定准备繁殖的鱼将鱼卵产在哪个地方，比如是将卵产在水草上，还是需要准备另外的产卵塔的必须事前调查清楚，并将水质调整到它们需要的状态很重要。

再次，有的鱼种是不会照顾幼鱼的，大鱼可能会将好不容易生产出来的鱼卵和幼鱼吃掉。这个时候就需要创造条件，把鱼卵和幼鱼单独隔离出来。

生产出来的鱼卵和幼鱼，如果不加以照顾，有可能被混养的其他鱼吃掉。这时，可以使用产卵箱等加以隔离

为防止鱼卵和幼鱼被吸入过滤器，请使用悬浮式过滤器

　　红尾青鳉属于卵生鳉鱼，蓝色的身体反射出金属的光泽，映衬出尾鳍两边的红色尤为漂亮。这种漂亮的热带鱼是可以在水族箱里繁殖的，如图所示，这是雌雄一对已经充分性成熟的成年鱼。雌鱼和雄鱼都散发出美丽的光泽，由此可见它们健康状况非常良好，其中雌鱼的腹部鼓起，怀有鱼卵。此后，雌鱼产卵，受精卵附着在水草上。接下来可以观察到幼鱼在鱼卵中慢慢长大的过程。最后，可以看到幼鱼孵化出来，在水族箱中游动。

雄性红尾青鳉

雌性红尾青鳉

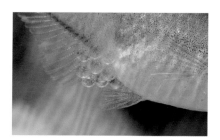

雌鱼腹部的鱼卵

雌鱼腹部鱼卵附着在水草的样子

孵化出来的
幼鱼在水族
箱里游动

挑战水草造景

自由创意，制作美丽水景

饲养热带鱼，只要在水族箱底部铺上砂子，水里稍微漂几根水草，养活它们是不成问题的。再极端一点，哪怕水族箱里什么都不放，也是可以养活热带鱼的。但是，用水草、沉木、石头等创造一个美丽的水景，也是一件饶有趣味而富有学问的事情。比如，你可以在养产自南美的热带鱼的水族箱里再现一个亚马孙河流的水景；你也可以充分发挥自己的想象，创造一个自己独特的水景。近几年来，出现了很多水族箱造景比赛或水草陈列比赛，来自世界各地的水族爱好者竞相展示各自创造水景的独

创性和美学意识等。

在水族箱这个有限的空间内，如何合理地设计布景，这完全取决于你的想象力和技术。但是，造景再漂亮，如果水草的健康状态不好，或者任其野蛮生长，整个水景的魅力也会减少一半。因此，在这里跟大家介绍几种水草的基本管理方法和维持其美丽的方法。

水草的种类和颜色多种多样，必须充分考虑热带鱼的颜色以及和其他水草的平衡来选择合适的水草来种植，才能做出美丽的造景

在水族箱中央放置一个人型的沉木或者水草，可以创造出一个有冲击力的布景，这是一个简单的诀窍

培育美丽水草的诀窍

在水族箱底使用水草泥

铺在水族箱底部的底砂有多种类型。但考虑到水草种植的话，还是建议使用水草泥。水草泥是将泥土做成小颗粒的形状，里面含有对水草有用的营养成分。跟大砂粒相比，水草泥更容易种植水草。

定期修剪水草

如果放置不管，水草就会往各个方向野蛮生长，抑或长得长短不齐，很难长成理想的样子，因此定期修剪水草很重要。但是水草的品种不同，修养的方法也是不一样的。比如，莲座丛形的水草需要从外面修剪；有茎类的水草则是从中间剪断，将上半部重新种植。大家在购买水草时，可以跟店员咨询一下修剪的方法。

添加二氧化碳

水草跟陆地上的植物一样，都是通过光合作用来生长的，也就是说，水草需要吸入二氧化碳，释放出氧气。但水族箱里不一定有足够的二氧化碳，因此需要在水族箱里添加二氧化碳，以增强水草的光合作用，促进它们生长。现在市场有售那种可更换的液化气瓶装置，可以向水族箱里供给二氧化碳，在培育水草的时候使用非常方便，可以事先准备。

种植水草的准备工作

1

购入的水草一般会在根部用毛线或者铅丝绑住。先将它解开，分成容易种植的小束。

2

剪掉过长或者有伤的根须。需要注意，如果根须过长，会妨碍种植。

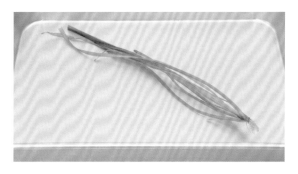

3

种植前请用水仔细清洗，以防止带入水蛭等害虫。

4

对于有茎的水草，种植前需剪掉过长的茎和已经枯黄的部分。修剪成差不多的长度，会更容易种植。

水草图鉴

这里介绍的水草都是比较常见的，且对于入门者也容易买到和培植的品种。当然，虽说培植容易，但只要养得好，使用这些水草也可以创造出美丽的水景。你可以尝试一下各种水草组合，挑战做出自己独创的美丽水景。

青叶草

青叶草价格便宜，是容易种植的常见有茎类水草。青叶草是经常可以在店头看到的最普通的有茎类水草品种之一。它生命力顽强，容易培植，长大的茎条插到泥里又会马上长出新芽，只是二氧化碳浓度过多的话就会延缓生长

红丝青叶

红丝青叶是青叶草变异后被固定下来的品种。它叶子上有粉红色的条纹，非常漂亮。在水草造景时如果需要红色，推荐使用这种水草。种植时如果含铁的肥料不足，它的红色会减弱

水罗兰

锯齿状的叶子是水罗兰的特征，它属于有茎类水草品种。水罗兰生命力顽强，入门者也可轻松种植。如果光照不足，它就会长得弯弯曲曲

宫廷草

宫廷草是叶子修长的常见美丽水草品种，红色是水草造景的点睛之笔。其售价便宜，但培植不容易，添加二氧化碳可以让其成长得更为漂亮

绿宫廷

是宫廷草的绿色版本，常见于日本九州等地。本草使用范围广，可谓是水族箱造景的必备水草，广受造景爱好者的喜爱

红松尾

红蝴蝶

红松尾是叶子纤细，前端为粉红色的美丽水草。本草因其样子酷似松鼠的尾巴而得名，是常见的水草品种之一。若添加富含铁分的液肥，可以有效地增加其叶子的红色

红蝴蝶是红丝有茎水草的代表品种，经常装在水壶里售卖。它的叶子非常柔软，容易受伤，因此需要特别小心。红蝴蝶适合弱酸性的软水培植，光照稍强，添加二氧化碳是培植的诀窍

水兰

日本珍珠草

水兰是最常见的水草品种之一，生命力顽强，可推荐入门者种植，造景时可用于中景或者后景。本草无需添加二氧化碳也可以长得很好，容易培植

日本珍珠草是一种叶子纤细而密集的小型水草，在水族箱造景中不可或缺，广受人们喜爱，明亮的绿色是其魅力所在。日本珍珠草只要光照充分，并添加二氧化碳，就会生长迅速，草茎插泥就能成活

扭兰

在日本的琵琶湖等地就有扭兰以及相近品种的水草生长，其特征是叶子呈现螺旋状弯曲。扭兰又被称为"苦草"，在东南亚被大量种植并进口到日本

香香草

香香草属于有茎水草，株型略大，圆形的叶子是其特征。这种水草不难培植，但容易肥料不足，添加液肥是有效的方法。在造景中，它多用于前景到中景，因为它的叶子是直立的

矮珍珠

矮珍珠是水族箱造景中必不可少的水草品种之一。它生长繁茂时，细小圆形的叶子能密密麻麻地覆盖住水族箱底部，如绿色的地毯一般美丽。添加二氧化碳是促进它生长的重要一环

绿地毯

绿地毯因其生长迅速，需要频繁进行修剪。它可在沉木或者石头上生长，有很高的利用价值。作为苔藓类的一种，它是水族箱造景必不可缺的水草之一

鹿角苔

是苔藓类水草的一种，有明亮的叶子。它原本是浮在水面生长的，但在水族箱造景中，经常跟绿地毯等捆绑一起强制性地沉入水中。鹿角苔的栽培要诀是要保证充足的光照和二氧化碳

水盾草

水盾草是历来出名的常见水草品种之一。由于其能适应低温，已在日本种植普及。它多用于饲养金鱼，但作为热带鱼的水草也同样富有魅力。养这种水草的水质以接近弱酸性为佳

金鱼藻

金鱼藻常见易得，容易养殖，可作为入门者的推荐品种。它可以种在水底，也可漂在水中生长。金鱼藻生长过快的时候，可适当修剪

水蕴草

水蕴草常见于日本的河川湖泊，经常作为金鱼的水草销售，其拥有富有透明感的绿色，且姿态优美。水蕴草是和水盾草同样常见的水草品类，不仅是金鱼，在热带鱼水族箱中同样适用

铁皇冠

铁皇冠是最容易养殖的常见水草，可以在沉木上生长，利用价值高。但包含本品种在内的蕨类植物都不耐高温，夏天容易得病，需要特别注意

水榕

水榕自古就是具有代表性的常见水草，现在依然很有人气。它可以在浮木上生长，使用范围广。它由于生命顽强、易于养活而广受欢迎

宽叶皇冠草

宽叶皇冠草是莲座丛生型水草的代表，是饲养热带鱼的典型水草。它是叶子宽大的大体型皇冠草的一种，看上去高大强壮，很有存在感，最适合作为造景的核心植物

绿温蒂椒草 "Tropica"

本草是丹麦的"Tropica"公司培育出来的绿温蒂椒草的改良品种，是广受欢迎的常见椒草品种之一。它品种的名称上加入了开发者"Tropica"公司的名字。其生命力顽强，容易培植

亚马孙水鳖

分布在美国的热带区域到南美一带，是很常见的浮萍类水草。当热带鱼繁殖时，其可以作为受精卵泡巢使用。它会遮挡阳光，所以水族箱造景时不宜过多使用，需要特别注意

凤眼蓝（水葫芦）

这种水草经常会在夏季时入侵家里的水池，饲养金鱼时经常能看到它浮在水面。其原产于南美，现在已经扩散分布到世界各地，在环境良好的情况下，可迅速繁殖生长。凤眼蓝不耐低温，冬天就会枯死

Chapter 6

热带鱼饲养常见问题

最后，就我经常收到读者关于热带鱼饲养的一些疑问，挑选几个常见的，跟大家做个解答。

热带鱼饲养问答

开始饲养热带鱼之后，就会碰到各种各样的问题和烦恼。在这里，我挑选了一些读者经常咨询我的常见问题，给大家做一个解答。当然，除了这些问答之外，肯定还会碰到很多其他的疑问点。不养不知道，开始饲养热带鱼后，就会出现各种意想不到的问题。

一旦碰到这样那样的问题，我建议大家去咨询有经验的饲养者或者热带鱼店里的店员，亦可以翻阅一下相关的书籍，一个问题一个问题地把它们解决掉。这是提高饲养技术，创造出自己理想中热带鱼造景的必经之路。让我们一步步创造出理想的热带鱼生存环境吧。

Q1 市场上的水族箱过滤器有各种类型，应该怎样选择过滤器呢？

A 选择水族箱过滤器应该根据水族箱尺寸、饲养的热带鱼品种以及饲养的热带鱼数量等综合考量。现在市场上销售的过滤系统大多数都是高性能的，一般一台就能取得较为满意的效果。只不过，如果你饲养的热带鱼数量较多的话，建议选择大一点的过滤器，以确保充分的过滤性能。

另外，如果你希望养出漂亮的水草造景，添加二氧化碳是必需的。上部过滤器和底部过滤器会让二氧化碳散掉，所以请使用水中过滤器或者外部过滤器。

Q2 关于铺水族箱的底砂，有水草泥、大颗粒砂、珊瑚砂等各种类型，请教一下它们的特征以及各自的使用方法？

A 以前饲养观赏鱼使用最普遍的是大颗粒砂。大颗粒砂可以说是万能的材料，适用于各种水族箱底部，不会影响水质，而且边角圆润的大颗粒适合热带鱼的生长。所以刚开始养热带鱼的时候，建议使用大颗粒砂。

珊瑚砂是珊瑚的碎片组成的，它的主要成分是钙，能将水质保持为弱碱性。因此，珊瑚砂适用于喜爱弱碱性水质的孔雀鱼或者非洲丽鱼，可以铺在水族箱底部或者当滤材使用。

如果是以水草为中心来做水族箱造景，我建议使用水草泥。水草可以轻松从水草泥中获取需要的营养。但是由于水草泥的原料是天然的泥土，长时间浸泡在水里会变成粉末将水草的根部堵住，因此需要定期进行"除泥"作业。每个月都要频繁地换水是维护水草泥水族箱的诀窍所在。

Q3 热带鱼的寿命有多长呢？

A 热带鱼的寿命千差万别，不能一概而论，从大概只有一年寿命的小体型鳉鱼，到数十年的寿命的大体型鲇科热带鱼，不能一概而论。而且热带鱼的寿命会根据水族箱里的环境条件而改变，热带鱼繁殖也会造成它寿命缩短。

花鳉属的热带鱼大多数被称为"一年生"，在自然环境下，以一年为生命的周期。但在环境良好的水族箱里，它可以活到两到三年。因此，在水族店里销售的热带鱼，小体型的鱼大概可以活两到三年，中、大体型的鱼可以活数十年。

Q4 需要外出旅游 1 周左右，此期间该怎么处理热带鱼？

A 基本上来说，不需要做任何事情。鱼一周不吃食物是完全可以生存的。这个时候最不应该做的是特意地过多投入饲料，因为吃剩下的鱼食会恶化水质，增加的排泄物更是雪上加霜，让水质加速恶化，不做任何事情反而能够避免这种情况的发生。有水草的水族箱，外出一周左右的时间，就更不需要担心了。使用定时自动投食器，也是一个好方法，但也请设定稍小的投食量，以免人不在的时候有意外状况发生。

Q5 水族箱里出现白色的小蚯蚓一样的东西，那是什么东西？

A 没有看到实物很难判断，但有可能是仙女虫。一般是随着购入的水草或者鱼而进入水族箱的。这种虫并非害虫，但如果你介意的话，可以采取一些对策。这种虫子一般在水质恶化的情况下会增加繁殖，所以加大换水频率可以有效预防。大的虫子可以用吸管祛除。虽然小体型的热带鱼也会吃这种虫子，但鱼食更美味，想让热带鱼去吃光这虫子，还是不要抱太大希望。

如果是附在玻璃表面蠕动的比较大的虫子，则有可能是水蛭。

◆鸣谢以下支持单位:

东山动物园（世界鳉鱼馆）、日本宠物交流、RIO株式
会社、神畑养鱼株式会社、千叶爱犬动物学园专科学
校、GEX、日本Spectrum Brands、B-BOX Aquarium、
AQUASHOP Tsukimi堂、东京Sunmarine、Charm、
Aqa cenote、Grand Value Aquatics、Feed On、虹彩、
Picuta、Mermaid、永代热带鱼、Makkachin、Aqua
Tailors、Aqua Fortune、CAKUMI、Fishmate Fortune、
Marukan、Papie C

◆感谢下列人员的帮助和支持:

高井诚、山崎浩二、藤川清、户津健治、木滑幸一郎、
勝哲哉、小林圭介、佐佐木千花

图书在版编目（CIP）数据

热带鱼饲养与鉴赏 /（日）佐佐木浩之著；毛识辉译. —北京：中国轻工业出版社，2019.7

ISBN 978-7-5184-2438-2

Ⅰ.①热… Ⅱ.①佐… ②毛… Ⅲ.①热带鱼类－观赏鱼类－鱼类养殖 Ⅳ.① S965.816

中国版本图书馆 CIP 数据核字（2019）第 067021 号

版权声明：

アクアリウム☆飼い方上手になれる！　熱帯魚

Aquarium ☆ Kaikata Jouzu ni nareru! nettaigyo

Copyright © Hiroyuki Sasaki. 2017

Original Japanese edition published by Seibundo Shinkosya Publishing co., Ltd.

Chinese simplified character translation rights arranged with Seibundo Shinkosya Publishing co., Ltd.

Through Shinwon Agency Co,

Chinese simplified character teanslation rights ©2019 China Light Industry Press

日语版制作STAFF

设计 … 宇都宫三铃

插图 … ヨギトモコ（與儀 伴子）

DTP … メルシング（merusing）

责任编辑：翟　燕　孙苍愚　　责任终审：劳国强　　整体设计：锋尚设计

策划编辑：翟　燕　孙苍愚　　责任校对：晋　洁　　责任监印：张京华

出版发行：中国轻工业出版社（北京东长安街6号，邮编：100740）

印　　刷：北京博海升彩色印刷有限公司

经　　销：各地新华书店

版　　次：2019年7月第1版第1次印刷

开　　本：710×1000　1/16　印张：7

字　　数：150千字

书　　号：ISBN 978-7-5184-2438-2　定价：39.90元

邮购电话：010-65241695

发行电话：010-85119835　传真：85113293

网　　址：http://www.chlip.com.cn

Email：club@chlip.com.cn

如发现图书残缺请与我社邮购联系调换

171670S6X101ZYW